VISITES

AU

# JARDIN ZOOLOGIQUE

D'ACCLIMATATION

Mare derrière la serre.

# VISITES

AU

# JARDIN ZOOLOGIQUE

D'ACCLIMATATION

PAR

MAURICE BARR

ILLUSTRATION PAR FREEMAN ET YAN'DARGENT

## TOURS

ALFRED MAME ET FILS, ÉDITEURS

M DCCC LXVII

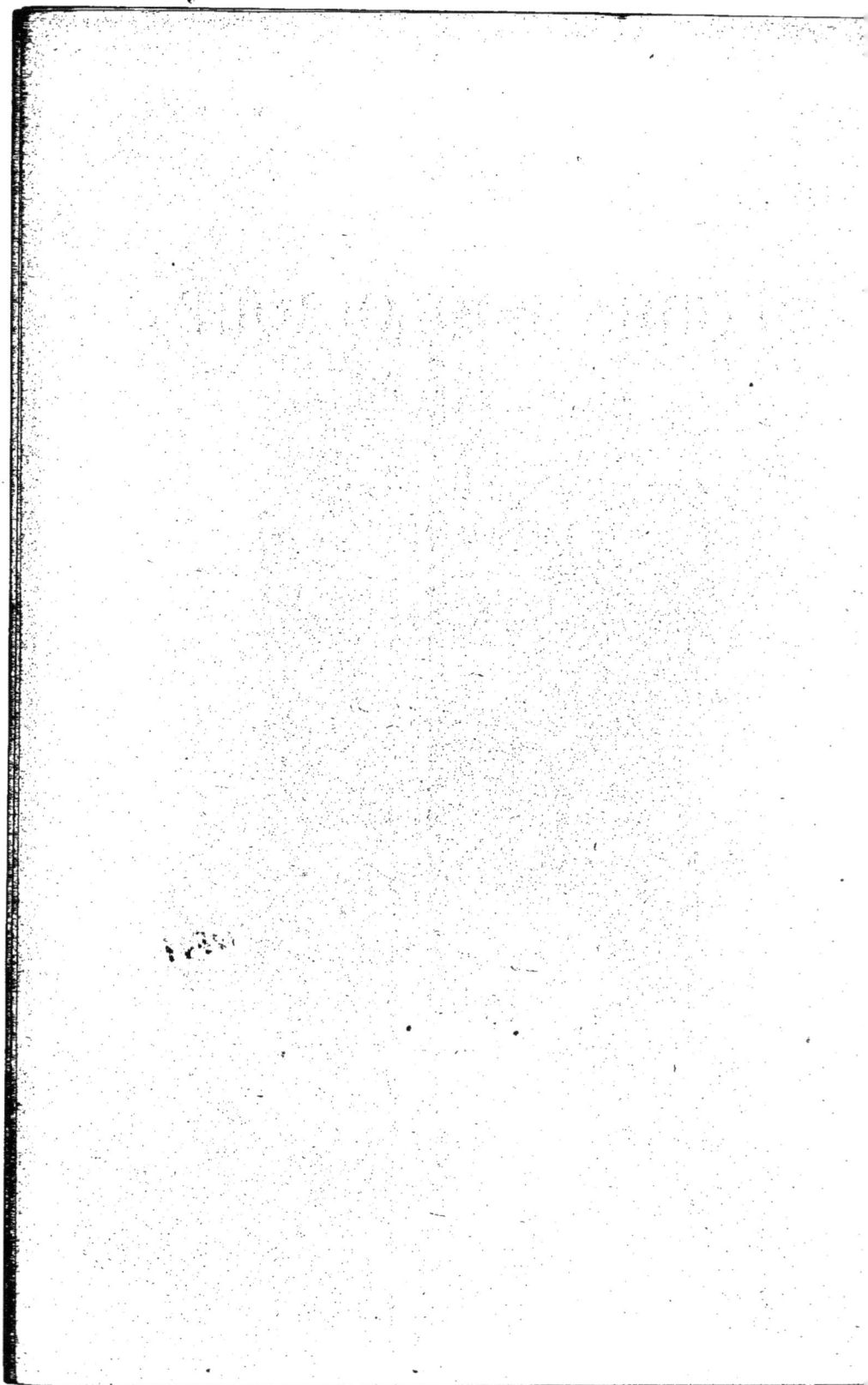

# NOTICE

---

Le Jardin d'acclimatation est une des curiosités les plus intéressantes du nouveau Paris. Situé en plein bois de Boulogne, distribué avec une pittoresque élégance, il offre au visiteur, réunis dans un espace relativement restreint, les êtres utiles ou curieux de toutes les contrées du globe.

Comme le Palais d'Exposition du Champ de Mars, qui, au moment où paraît ce volume, attire les voyageurs de tous les points de l'univers, ce merveilleux Jardin centralise une véritable exposition zoologique universelle.

Parcourez les serres où s'épanouit la flore de l'équateur; l'aquarium où grouillent les êtres les plus étranges et les plus fantastiques du monde de la mer; le parc où le lama et le dromadaire fraternisent avec le renne et le chien du Kamschatka; les volières où les pigeons indiens jouent avec les moineaux du bois de Boulogne, où le coq gaulois apprend son chant au coq de la Cochinchine; côtoyez le fleuve en miniature dans lequel s'ébattent des milliers d'oiseaux aquatiques de toute origine : et vous vous croirez transporté tout à coup, comme par l'effet de la baguette magique des fées, en Amérique, en Asie, en Afrique, en Australie. Vous allez de surprise en surprise, et quand vous rentrez chez vous après une de ces excursions, il vous semble que vous venez d'accomplir un agréable voyage autour du monde.

De toutes les tentatives faites jusqu'à présent pour vulgariser la science, et particulièrement la science zoologique, aucune ne saurait être meilleure et plus efficace que la création de ce Jardin, dans lequel le public peut, en se promenant, recevoir en quelques heures la plus attrayante leçon pratique d'histoire naturelle.

Cette création, toute récente puisqu'elle ne remonte qu'à l'année 1860, est due au zèle des hommes éminents qui composent la *Société Impériale d'acclimatation*. Ils n'ont pas voulu seulement ouvrir une simple exhibition destinée à stimuler l'étude par toutes les attractions de la curiosité, ils ont été guidés par une pensée d'un ordre bien supérieur.

Acclimater, multiplier et répandre dans notre pays toutes les espèces animales ou végétales qui peuvent y être introduites en raison de leur utilité ou de leur agrément, telle a été la tâche qu'ils se sont imposée.

Il ne suffit pas, en effet, que des hommes animés de l'amour du bien public aillent explorer les divers pays du globe pour enrichir nos jardins, nos champs et nos bois. Trop souvent leurs efforts et leurs fatigues sont restés stériles. Les animaux et les végétaux exotiques qu'ils avaient eu tant de peine à recueillir et à importer chez nous n'y trouvaient qu'une existence éphémère; quelques-uns même ont disparu sans laisser de souvenir : il fallait leur créer un milieu approprié à leur constitution, leur offrir une hospitalité intelligente, les habituer graduellement à un climat pour lequel la nature ne les avait pas faits, en un mot, il fallait les *acclimater*.

C'est donc à l'accomplissement, au couronnement de cette œuvre d'un si haut intérêt que se sont voués les membres de la Société d'acclimatation, et ils ont fondé ce Jardin qui est devenu une sorte de berceau, de pépinière, de mine féconde des richesses naturelles de l'univers entier, où viendront puiser désormais l'agriculture, l'horticulture, l'industrie et l'alimentation publique.

Une souscription fut ouverte au capital d'un million, et, sous le haut patronage de S. M. l'Empereur et de S. A. I. le prince Napoléon, l'association obtint de la ville de Paris une concession de près de vingt hectares au bois de Boulogne. On se mit à l'œuvre en juillet 1859. M. Davioud, architecte de la ville, fut chargé des constructions; M. Barillet-Deschamps, architecte paysagiste du bois de Boulogne, sous la haute direction de M. Alphan, ingénieur en chef des promenades et plantations de Paris, prêta le concours de sa grande expérience pour les dessins et la disposition du Jardin; MM. Isidore Geoffroy Saint-Hilaire, Pomme, le comte d'Éprémesnil et Albert Geoffroy Saint-Hilaire s'occupèrent de la formation du premier noyau de la collection des animaux.

Quinze mois suffirent à l'achèvement des travaux, et le 6 octobre 1860 le Jardin, déjà peuplé de ses hôtes, fut solennellement inauguré en présence de S. M. l'Empereur.

Le Jardin occupe la partie du bois comprise entre la porte des Sablons et la porte de Madrid, le long du boulevard Maillot, dont il est séparé par le saut de loup et par le chemin dit des Érables. Il a la forme d'une longue ellipse. A l'extrémité orientale, près de la porte des Sablons, se trouve l'entrée principale; et à l'extrémité occidentale, près de la porte de Madrid, une entrée sur Neuilly (Saint-James).

Le plan général est un vallon à pentes insensibles, dont le milieu est occupé par une rivière qui, sur plusieurs points de son parcours, s'élargit en bassins pittoresques destinés aux libres ébats des oiseaux aquatiques. Le côté nord, à droite en entrant, dont les constructions regardent le midi, a été réservé aux animaux habitués à de douces températures. C'est là qu'on voit la magnanerie pour les diverses sortes de vers à soie que la Société d'acclimatation a introduites en Europe : vers à soie du ricin, de l'ailante et du chêne, placés à côté des vers du mûrier. Les dispositions adoptées permettent au public d'étudier ces animaux sans leur nuire. Autour de la magnanerie sont des plantations de mûriers, d'ailantes, de ricins et de chênes.

Plus loin on trouve la grande volière composée de vingt-un logements, chacun avec un parquet, et de deux pavillons carrés et en grillages; derrière est une infirmerie pour les oiseaux, et à côté deux bâtiments offrant sept parquets d'élevage pour les couvées de prix, et disposés de telle sorte que les animaux peuvent se montrer au public ou se soustraire à ses regards, à l'époque de la reproduction.

On passe ensuite à la poulerie, contenant vingt-huit logements avec autant de parquets devant et derrière. Cette poulerie est un vaste monolithe cir-

culaire obtenu par le ciment Coignet, impénétrable
à l'humidité, et ne laissant aucune fissure où puissent
se loger les insectes.

Puis vient l'habitation des kangurous.

Ici, la grande allée du Jardin que nous avons
suivie, se divise en deux branches, dont l'une conduit à la porte de sortie dite de Neuilly, tandis que
l'autre se dirige vers le bâtiment des grandes écuries.

Ce bâtiment est partagé en vingt boxes, pour les
grands mammifères, hémiones, zèbres, chevaux,
zébus, etc. Au milieu est un pavillon à balcon, dont
le rez-de-chaussée est destiné aux installations des
petits mammifères, et le premier étage aux exhibi-
tions plastiques des animaux, pour les artistes qui
voudraient les étudier. Par derrière se trouvent la cour,
l'infirmerie et le logement du gardien des animaux.

Le côté gauche du Jardin, côté sud, présente, en
remontant des grandes écuries vers l'entrée, un rucher où l'on peut voir le travail des différentes espèces d'abeilles et les diverses sortes de ruches où
s'accomplit ce travail, et l'aquarium, construit sous
la direction de M. Lloyd. Cet aquarium, beaucoup
plus considérable que celui de Londres, consiste en
quatorze bacs de 1m 80 de long sur 1 mètre de large
chacun, fermés par des glaces à travers lesquelles on

peut observer les animaux marins ou d'eau douce les plus intéressants et les plus singuliers, qui jusqu'à présent n'avaient guère été vus que dans les armoires des musées. Les bacs que l'on voit dans le même bâtiment, dans le vestibule de l'aquarium, sont des appareils de pisciculture.

Après l'aquarium on rencontre les jardins d'essai où sont cultivées les plantes reçues par la Société, et on atteint les serres. Les deux petites sont destinées : l'une aux reproductions des plantes, l'autre à offrir, pendant l'hiver, une retraite aux perroquets, hoccos, colombi-gallines et autres oiseaux qui ont besoin d'une température chaude. Quant à la grande et magnifique serre placée à gauche de l'entrée principale du Jardin, elle forme un vaste jardin d'hiver rempli d'arbres, d'arbustes couverts de fleurs épanouies dont le tiède parfum, répandu dans l'atmosphère, fait de ce lieu, pendant les mois de janvier et de février, un véritable paradis indien. Par un surcroît d'attention courtoise pour les visiteurs, l'administration a ménagé, à l'une des extrémités, un salon de lecture et de repos dont le voisinage de la serre embaumée double le charme.

Dans toutes les parties de la vaste enceinte du Jardin sont disséminées les fabriques destinées aux mammifères, cerfs, antilopes, lamas, moutons, chè-

vres, tatous, grands échassiers, etc. Ces fabriques
sont entourées de plus de soixante parcs enclos d'un
grillage léger et solide, qui, tout en retenant les
animaux, leur permet de courir en liberté, de porter
leur regards dans l'épaisseur du bois de Boulogne
et de se croire au milieu de leurs forêts natales.

Au centre de l'un de ces parcs s'élève un pittoresque rocher artificiel destiné aux mouflons à manchettes et aux mouflons de Corse.

M. le docteur Rufz de Lavison, ancien président
du conseil général de la Martinique, à la notice duquel nous empruntons ces détails d'installation, a
dirigé le Jardin depuis le 1er août 1860.

Le 19 juin 1865, il a été remplacé par M. Albert
Geoffroy Saint-Hilaire, jeune et savant zoologiste,
digne héritier d'un grand nom, qui l'avait jusque là
secondé activement en qualité de directeur adjoint.

Le Jardin d'acclimatation, qui s'enrichit tous les
jours, possède actuellement une population de près
de cent dix mille animaux, composée de quarante-
six mille mammifères, trente-huit mille palmipèdes,
vingt-deux mille oiseaux, quatre mille coqs et poules.

Tous ces pensionnaires, on le pense bien, sont
d'un entretien assez coûteux, et les petits pains, les
menues friandises que leur distribuent les deux à
trois cent mille promeneurs qui visitent annuelle-

ment le Jardin, font l'effet d'une goutte d'eau dans l'Océan. La somme dépensée pour leur nourriture pendant l'année 1866 s'élève à un chiffre rond de cinquante mille francs.

Ainsi que nous le disions au début de cette notice, la France et l'étranger viennent s'alimenter à cette pépinière zoologique. En 1866 le bénéfice net réalisé sur la vente des animaux a atteint la somme de trente-deux mille francs; le produit de la vente des œufs s'élève à dix mille francs.

Nous ne voudrions pas abuser des chiffres; mais leur éloquence, en pareille matière, est irrésistible. On pourra juger de l'importance de l'entreprise assumée par les actionnaires de la Société d'acclimatation, quand on saura que la dépense annuelle du Jardin atteint deux cent mille francs.

Nous ne saurions mieux compléter ces renseignements, qu'en publiant les noms des hauts personnages qui patronnent la grande œuvre de l'acclimatation.

PRÉSIDENT D'HONNEUR :

S. A. I. Monseigneur le prince Napoléon.

CONSEIL D'ADMINISTRATION :

MM. Drouyn de Lhuys, ancien ministre des affaires étrangères, président.

le baron James de Rothschild,
Rufz de Lavison, } présidents honoraires.

le prince M. de Beauvau, député,
Fréderic Jacquemart,
Antoine Passy, } vice-présidents.

le comte d'Éprémesnil, membre du conseil général de l'Eure, secrétaire général.

A. Duméril, professeur administrateur au Muséum d'histoire naturelle,
E. Dupin, inspecteur des chemins de fer, } secrétaires.

Charles Arnould.

le comte de Biencourt.

Paul Blacque, banquier.

Blount, banquier, administrateur des chemins de fer.

le vicomte J. Clary, député.

Jules Cloquet, de l'Institut.

Cosson, secrétaire de la Société botanique de France.

Coste, de l'Institut.

F. Davin, manufacturier.

le baron Adolphe d'Eichthal.

le duc de Fitz-James.

Flury-Hérard, consul général de Perse, banquier du corps diplomatique.

Gervais (de Caen), directeur de l'École supérieure de commerce.

Grandidier, ancien notaire à Paris.

Olivier Moquin-Tandon.

Pomme, ancien agent de change.

le duc de la Rochefoucauld-Doudeauville.

MM. le baron Alphonse de Rothschild.
Ruffier, ancien agent de change.
le vicomte de Saint-Pierre.
le baron Séguier, de l'Institut.
Paul Séguin.
le marquis de Selve, membre du conseil général de Seine-et-Oise.
le comte de Sinety.
le marquis de Torcy, député.
le marquis de Vibraye.
le prince de Wagram.

MEMBRES ADJOINTS :

MM. de Belleyme, juge au tribunal de la Seine.
de Montigny, consul général de France en Chine.
Richard (du Cantal).
le docteur Soubeiran.

DIRECTION :

MM. Albert Geoffroy Saint-Hilaire, directeur.
H. Cournol, secrétaire, caissier.
Jules Pinçon, agent comptable.
Antoine Quihou, jardinier en chef.
Mercier, chargé des ventes.
Vuirion, inspecteur.

DAMES PATRONNESSES :

Sa Majesté l'Impératrice des Français.
S. A. I. Madame la princesse Clotilde.
S. A. I. Madame la princesse Mathilde.
S. A. Madame la princesse Julie Bonaparte, marquise de Roccagiovine.

M<sup>mes</sup> Alfonso.
d'Andecy.

M<sup>mes</sup> Ernest André.
  Charles Arnould.
  Artaud.
Lady Ashburton.
M<sup>mes</sup> Baroche.
  la duchesse de Bassano.
  la baronne Baude.
  Élie de Beaumont.
  Béhic.
  Charles de Belleyme.
  la marquise de Béthisy.
  Paul Blacque.
  Arthur Blacque.
  Édouard Blount.
  Boittelle.
M<sup>lle</sup> Rosa Bonheur.
M<sup>mes</sup> la baronne de Brimont.
  Chaix d'Est-Ange.
  la vicomtesse Clary.
  Jules Cloquet.
  la marquise de Colbert-Chabannais.
  la marquise Corio.
  Ernest Cosson.
  la comtesse Cowley.
  la princesse de Craon.
  Davin.
  Debains.
  Delangle.
  Drouyn de Lhuys.
  Dumas.
  Auguste Duméril.
  Eugène Dupin.
  la comtesse d'Éprémesnil.
  la princesse d'Essling.
  la duchesse de Fitz-James
  Fleury.
  Flury-Hérard.

M<sup>mes</sup> Achille Fould.

Furtado.

la vicomtesse de Galard.

Gareau.

Gaudin.

la duchesse Hamilton.

la baronne Haussmann.

la marquise d'Hautpoul.

Charles Heine.

Frédéric Jacquemart.

Le Bœuf.

la comtesse de Lémont.

la duchesse de Maillé.

Marquès de Lisboa.

de Maupassant.

la princesse de Metternich.

la comtesse de Mniszech.

Moitessier.

la marquise de Montalembert.

la duchesse de Montebello.

la comtesse de Montessuy.

de Montigny.

Moquin-Tandon.

Ferdinand Moreau.

la comtesse Mortier.

la comtesse de Mosbourg.

la comtesse d'Oraison.

la duchesse de Padoue.

Paillard de Villeneuve.

la vicomtesse de Païva.

Antoine Passy.

Isaac Péreire.

la comtesse de Persigny.

M<sup>lle</sup> Laure Pomme.

M<sup>mes</sup> la comtesse de Pourtalès.

la comtesse Constance de Rayneval.

la duchesse de la Rochefoucauld-Doudeauville.

M<sup>mes</sup> la baronne de Roman Kaïsareff.
la baronne James de Rothschild.
la baronne Alphonse de Rothschild.
Rouher.
de Royer.
Ruffier.
Rufz de Lavison.
la baronne de Saint-Didier.
la maréchale de Santa-Cruz.
Jules de Saux.
Schneider.
la baronne de Seebach.
la marquise Séguier de Saint-Brisson.
Charles Séguin.
Paul Séguin.
la marquise de Selve.
la comtesse de Sinety.
la duchesse de Soto-Mayor.
la princesse Stourdza.
la comtesse Tascher de la Pagerie.
la vicomtesse Terray de Morel-Vindé.
Thouvenel.
Troplong.
la duchesse de Valençay.
la marquise de Vibraye.
la comtesse Walewska.
la baronne de Wendland.

PLAN DU JARDIN D'ACCLIMATATION.

LÉGENDE.

1. Les Bureaux.
2. Les Magasins.
3. La Magnanerie.
4. Statue de Daubenton.
5. Volière.
6. La Poulerie.
7. Parquets d'élevage.
8. Les Marsupiaux.
9. Les Lapins.
10. Les Écuries.
11. Les Rongeurs.

12. Les Renvres.
13. Le Rucher.
14. Collection de Vigne.
15. L'Aquarium.
16. Jardin d'essai.
17. Le Chenil.
18. Water-Closet.
19. Les Serres.
20. Serre des Oiseaux.
21. Parc des Perroquets.
22. Petites Volières.

23. Les Échassiers.
24. Les Autruches.
25. La Bergerie.
26. Parc des Mammifères.
27. Les Lamas.
28. Les Antilopes.
29. Les Cerfs.
30. Les Tabous.
31. Les Palmipèdes.
32. Les Phoques.
33. Buffet.

BOIS      DE      BOULOGNE

Porte de Neuilly
Mare de Neuilly
Porte des Sablons
Maillot
Boulevert
Entrée principale
Route conduisant au Grand Lac

# VISITES

AU

# JARDIN ZOOLOGIQUE

## D'ACCLIMATATION

=⊙⊛⊙=

## PREMIÈRE VISITE

### LES OISEAUX

Un jour de ce printemps, M. et M^{me} Dumay et leur fille Jane achevaient de déjeuner, quand M^{lle} Ernestine Dumay, la tante de Jane, entra dans la salle à manger.

« Ne vous dérangez pas, dit-elle en s'asseyant, j'ai déjeuné ; seulement je supplie ma chère nièce de se dépêcher, car je l'emmène.

— Et où donc, ma tante? Je dois assister aujourd'hui à une matinée musicale, et ensuite visiter deux magasins dont mes amies racontent des merveilles.

— Ma chère enfant, reprit sa tante, la musique est sans doute une fort belle chose, et tu sais que je lui ai voué mes entières sympathies ; mais tu as bien le temps, l'hiver prochain, d'entendre des concerts et de courir les magasins! Ton père et ta mère sont, je n'en doute pas, complétement de

1

mon avis. Aujourd'hui qu'il fait un temps superbe, un joli soleil pas trop chaud, et enfin que nous sommes en plein printemps, nous allons, s'il te plaît, en profiter pour respirer l'air du bon Dieu.

— Mais cependant...

— Tu vas mettre ton chapeau, ton paletot, — puisque les jeunes filles portent des paletots maintenant, — et tu prendras ton sac anglais dans lequel nous empilerons bon nombre de petits pains d'un sou... C'est absolument indispensable pour la promenade que nous allons faire.

— J'avoue, dit en riant M. Dumay, que je ne comprends pas trop cette provision de petits pains.

— Tu sais, cher frère, que je ne m'embarque jamais sans biscuit, ajouta gaiement la vieille demoiselle; aussi j'en ai garni mon sac, car nous ne reviendrons que pour dîner. Jane vous dira où elle a été et ce qu'elle aura vu. »

Elles partirent, et l'omnibus les conduisit tout près du Jardin zoologique d'acclimatation.

Jane fit une petite moue toute désappointée.

« C'est là que nous allons? voir des poules et des canards! C'était bien la peine!

— Entrons toujours. Si nous nous ennuyons par trop, nous reviendrons; mais nous aurons du moins fait une promenade. »

En franchissant la grille, leur attention fut attirée par un groupe de bébés tout blancs, couchés dans leurs petites voitures, de jeunes fillettes, de grands collégiens, de belles demoiselles au bras de leurs parents.

Tout cet heureux monde causait, riait, et agaçait du doigt et de la voix les superbes perroquets blancs, roses, jaunes, rouges et verts, perchés sur de longs bâtons en fer recourbé.

Ceux-ci criaient à qui mieux mieux, et les enfants éclataient de rire.

M^lle Dumay s'avançait, sans s'arrêter à ce spectacle, entraînant sa nièce qui lui disait :

« Regarde donc, ma tante, ces perroquets saumon avec une huppe rose, et ceux-ci rouge-feu avec des ailes marron ! je n'en avais jamais vu de cette couleur. Tiens ! mais c'est joli ce jardin ! Quelles magnifiques corbeilles d'héliotropes et de marguerites ! »

La tante souriait sans répondre.

Une petite prairie, dans laquelle s'ébattaient une foule d'oies grises et blanches, attira leurs regards. M^lle Dumay s'arrêta :

« Ce troupeau d'oies te représente en petit les grandes troupes de ces pauvres bêtes qui paissent dans les environs de Strasbourg, gardées par des bergères absolument comme

les moutons de nos pays. Dans la ville même il y en a partout ; tout le monde élève des oies ; c'est l'industrie du pays, et en même temps la richesse des ménages. Le duvet et le foie de l'oie sont précieux, la graisse ensuite, la chair après.

— Et l'on a bien raison de les élever ! fit Jane. Oh ! les bons pâtés que l'on fait avec ces pauvres bêtes !

— La chair de celles que l'on engraisse dans des cages n'est pas très-savoureuse; mais le foie est l'importante affaire, et si l'oie est bien nourrie et surtout tuée à temps (car quelquefois elle étouffe), son foie, qui a grossi démesurément, est alors énorme, sans tache, et se vend fort cher. L'oie de Toulouse est aussi très-estimée; elle est plus grosse encore que celle de Strasbourg, ce qui fait que son duvet et sa graisse sont plus abondants; mais le foie en est moins délicat. Écoute le cri rauque de celle-ci : c'est l'*oie rieuse.*

— C'est fort drôle! fit Jane en riant, et voilà que je l'imite.

— Il y a ici un spécimen de chaque variété d'oies, et le nombre en est grand, comme tu peux en juger : *Oie des moissons, oie première, oie cravant,* qui habitent les marais et les bruyères. Toutes ces dames sont européennes. Voici des étrangères : l'*oie armée,* qui vient d'Égypte et qui possède sous l'aile un petit éperon pour se défendre. Vois-tu cette autre dont le dos est noir bronzé, elle a le bec d'une couleur à la mode.

— Oui, c'est la vrai nuance Solferino... Voyons son nom : *Oie de Gambie.*

— C'est une Africaine... sans jeu de mots, fit la tante en riant. Voici la plus belle de toutes, la *grande bernache de Magellan.*

— Quelle jolie tête rousse!... et ces ailes marron-rouge piqué de chamois... mais elle est énorme et semble très-vorace!...

— Pour une oie, elle est assez noble d'allure. Voici une autre *bernache* à camail blanc; encore une étrangère. Maintenant suivons les sinuosités de ce joli ruisseau. »

Une foule de petits canards nageaient doucement sur l'eau claire de ce ruisseau; d'autres accouraient vers les promeneuses.

M^{lle} Dumay tira un petit pain du sac de Jane.

Mare aux canards.

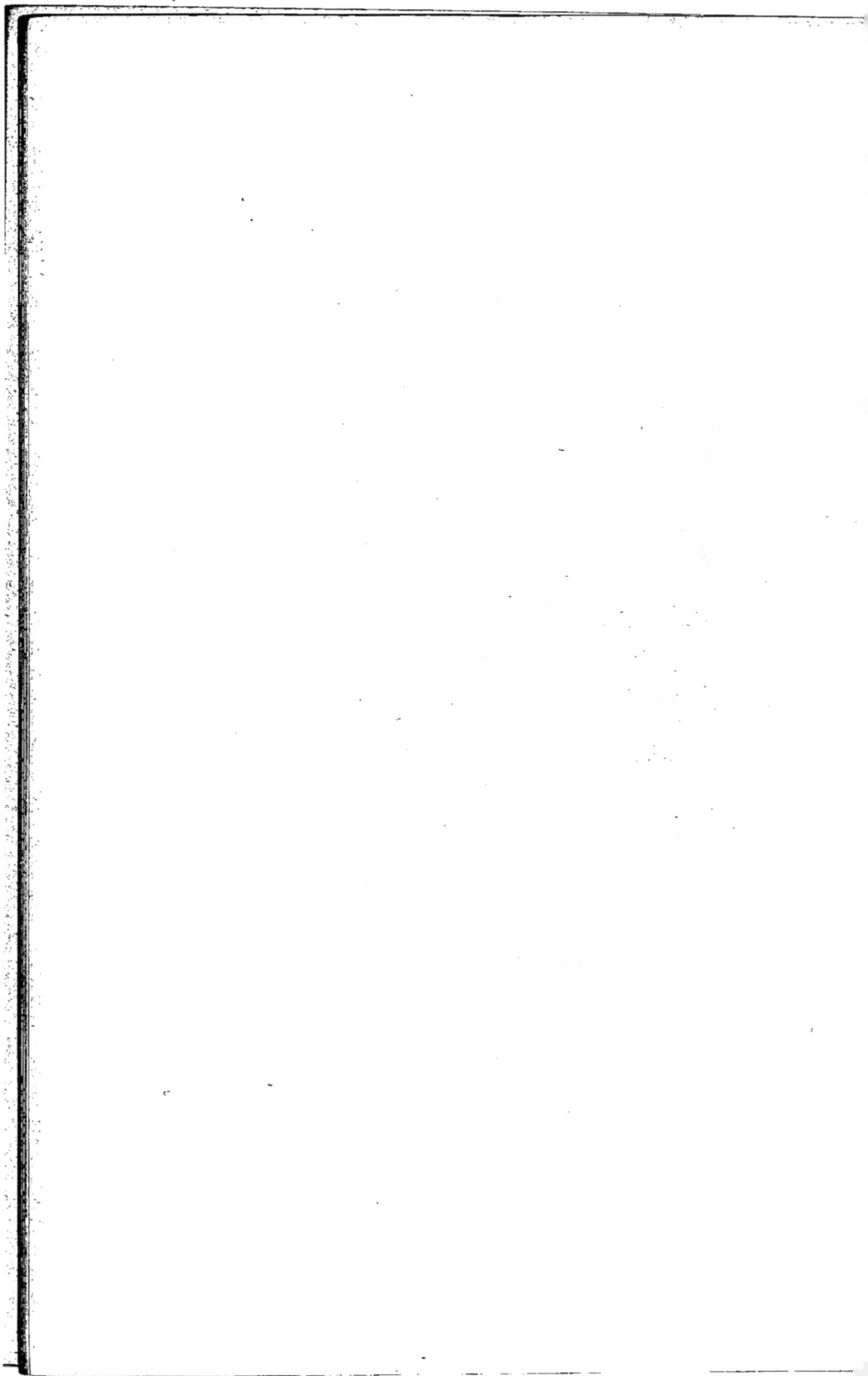

« Ces canards dont le plumage ressemble à celui de nos perdrix, ce sont les fameux canards de *Rouen*, dont les canetons rôtis à la broche forment un mets si délicat, et que Marie, ma cuisinière, accommode si bien avec des petits pois ou de fines olives.

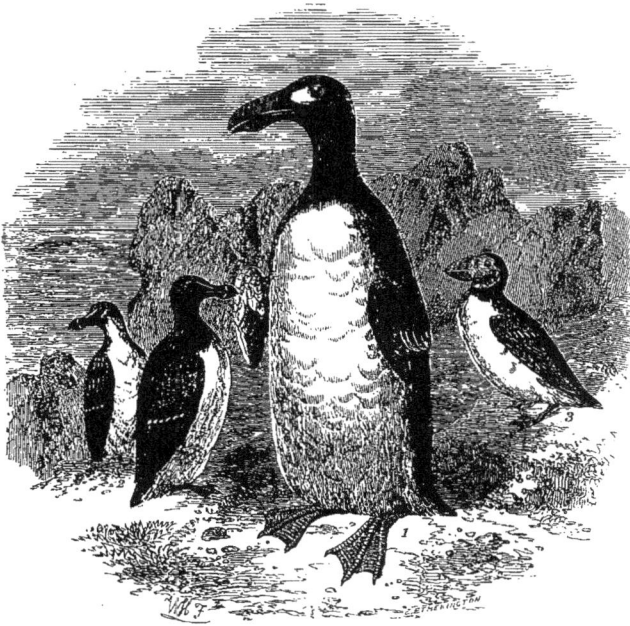

1 Pingouin impenne. — 2 Pingouin commun. — 3 Macareux commun.

« En voici deux bien différents, et l'on a eu l'heureuse idée de les mettre à côté les uns des autres. Ceux-ci, noirs comme l'ébène, sont les canards *Labrador;* ceux-là, blancs comme la neige, les canards d'*Aylesbury*. Leur chair est d'une finesse et d'une délicatesse fort recherchées.

— Cet autre est fort drôle avec sa huppe! dit Jane; on dirait une tasse de lait panachée de café.

— C'est le *plombier* de la Chine. Nous allons voir encore une multitude de canards variés de forme et de couleur. Premièrement, le canard *pingouin*. Il a l'air un peu sot... on voit bien qu'il descend de la famille inepte des pingouins, grands oiseaux de mer qui ne volent pas, mais marchent en se tenant droit, nagent et plongent merveilleusement.

« Le pingouin donne une huile abondante fort estimée.

Pétrel.

Il n'est cependant pas si huileux que le *pétrel*, autre oiseau de mer. Les pêcheurs en font parfois une lampe improvisée : ils tuent le pétrel, lui passent une mèche à travers le corps et l'allument.

— Voilà une singulière lampe! fit Jane en riant.

— Tu ne peux t'imaginer quelle chasse curieuse et amusante l'on fait à ces malheureux oiseaux, qui se tiennent ordinairement sur le rivage et sous les anfractuosités des rochers. Leurs œufs sont très-estimés : on les trouve en quantité prodigieuse. Le pays le plus fréquenté par ces oiseaux nicheurs est l'archipel des îles Feroë... Tu dois connaître cela, toi qui as eu le prix de géographie?

— Il est situé entre l'Islande et les îles Shetland.

— Vois comme ce petit canard, cousin des pingouins, a l'air bête! cela vient de la conformation de ses membres postérieurs, placés très-en arrière. Il est obligé de marcher debout en élevant son grand cou, absolument comme ses parents étrangers. Ceux-ci, les pingouins, se réunissent sous l'anfractuosité d'un rocher, et là, immobiles, ils semblent attendre

qu'on vienne les tuer à coups de bâton. Ils se laissent faire bien tranquillement, et ne bougent enfin que pour tomber mourants. Quant aux femelles, elles se laissent prendre sur leurs œufs. On ne peut pas pousser l'ineptie plus loin; car tu sais que les oiseaux défendent toujours leurs œufs et leurs petits, envers et contre tous.

« Le petit canard pingouin, qui me rappelle ces détails, a le même plumage que le canard sauvage dont il est une variété; mais je présume que sa chair est huileuse comme

celle des *sarcelles*, petits oiseaux d'un gris fauve qui sautillent
là-bas et qui courent de tous côtés. Cette petite bête est sans
doute plus intelligente que le pingouin, si j'en crois la fable
de Florian.

— Oh! les mignonnes cabanes! dit Jane, pas une ne ressemble à l'autre; et, semées au bord de cette eau, parmi ces
joncs et ces roseaux, elles produisent un charmant effet.

— Veux-tu que nous nous en allions? dit sa tante; les
poules et les canards c'est si peu intéressant! »

La jeune fille rougit.

« Méchante tante! dit-elle en passant son bras sous celui de
la vieille demoiselle : je devais cependant savoir, une fois pour
toutes, que tu as toujours raison.

— Dans ce cas continuons la visite aux canards : ce petit
marron-rose taché de noir est le canard *Bahama*. En voici
un autre plus grand, d'un brun foncé, le *percheur;* il est
tout à fait rustique et supporte parfaitement le froid rigou-
reux de nos hivers.

— Et ceux-là, aux plumes couleur acajou?

— Ce sont les *Maragnans* du Brésil... n'approche pas tant
ta main... ils sont voraces et méchants : les entends-tu
gronder? Leur face blanche, tranchant sur leurs plumes
rouges, leur fait un masque féroce!

— Celui-là est tout à fait original.

— C'est le canard à *lunules* : il a le bec rouge-corail,
tandis que ses voisins les maragnans ont les pattes de cette
couleur... Quelle singulière variété!

— Pour sûr, ce petit gris est bien laid... bien sauvage
aussi, car il s'enfuit...

— Lis son nom : canard *sauvage de l'Amérique.* Peut-être
sa chair est-elle aussi parfumée que celle du canard sauvage
d'Europe, que l'on met en salmis...

— Oui, avec des truffes...

— Gourmande! Tiens, le petit *polonais* avec sa huppe, est-il gentil!

— Oh! ma tante, regarde donc! Voilà les plus jolis de tous!... Quelle blancheur de neige! et quelle délicatesse de forme!

— Petits *blancs-mignons,* venez mes amis, vous allez avoir un petit pain tout entier! Cette jolie espèce n'est pas seulement un ornement pour les pièces d'eau, elle est précieuse pour couver les œufs de canards rares, qu'on lui confie.

« Et ce n'est pas là toute la variété des canards, ma chère Jane, il en est encore de plus intéressants : ainsi le *tadorne,* qui vient là, dont le bec rouge éclatant fait si bien ressortir le plumage blanc et rosé, habite ordinairement le nord de l'Europe et revient avec l'hirondelle au printemps; car il aime beaucoup à voyager. Quand vient le moment de la ponte, il s'établit dans les dunes sur le bord de la mer; et la cane tadorne, choisissant alors quelque trou, ou le terrier abandonné d'un lapin, dépose une quinzaine d'œufs tout ronds, d'une belle couleur blonde.

« Cette singulière manière de nicher sous la terre a été remarquée autrefois, et c'est pourquoi on appelle le tadorne *Oie-Renard.* La délicatesse de ses œufs est telle, que les habitants des dunes se livrent à une chasse effrénée contre le tadorne aussi bien pour découvrir les œufs que pour s'emparer du canard, dont la chair est exquise et le duvet précieux.

« Maintenant, avant d'arriver au canard *mandarin,* le plus beau de tous, passons devant la cabane des *Siffleurs* dont les troupes nombreuses se répandent, au mois de novembre, dans toute la Picardie... Puis le *Casarka,* un égyptien, fort élégant de formes, mais dont le ramage ne répond pas au

plumage. Le *Pilet*, qui se distingue par deux longues plumes
terminant sa queue ; on l'appelle pour cela *coq*, ou *faisan de
mer*. Il choisit, pour habiter, les régions les plus glacées :
sa chair, comme celle de la sarcelle, considérée comme
maigre, est bien meilleure que celle du canard sauvage.

— Et ce grand-là, dont le plumage a la couleur du bronze?

— C'est le *canard de Barbarie*, ou *canard musqué*. Sa
chair n'est guère mangeable à cause de l'odeur de musc
dont elle est imprégnée : celle des jeunes seulement est
estimée.

— En voici deux qui ont de singuliers noms! le *sabreur*,
et le *canard obscur*!... et ce beau mandarin, où donc est-il?

— Le voici! regarde; il est suivi du *canard de la Caroline*,
dont le beau plumage, glacé et varié, est cependant d'un
aspect moins original, moins... chinois que celui du mandarin! Vois d'abord ce haut panache qui se recourbe sur
son dos, composé de trois nuances tranchées : pourpre,
blanche, verte; puis son jabot blanc, ses flancs rayés, et
enfin les plumes café au lait de ses ailes, si hautes et si sin-
gulièrement ébarbées, qu'on dirait des ailes de papillon. En
Chine, ce charmant volatile orne toutes les cours et tous
les jardins. Il est regardé comme le symbole de la fidélité,
ainsi que chez nous les colombes. Les jeunes Chinoises offrent,
le jour de la noce, à la fiancée une paire de canards mandarins. C'est un usage fort répandu. Depuis 1850 seulement,
nous possédons en France le canard mandarin, qui s'y est
bien acclimaté.

« Comprends-tu maintenant le plaisir d'un propriétaire,
habitant la campagne, lorsqu'il peut avoir dans sa basse-cour
toutes ces charmantes espèces de volatiles? Sans compter la
ressource qu'il y trouve pour sa table...

Cage aux cygnes

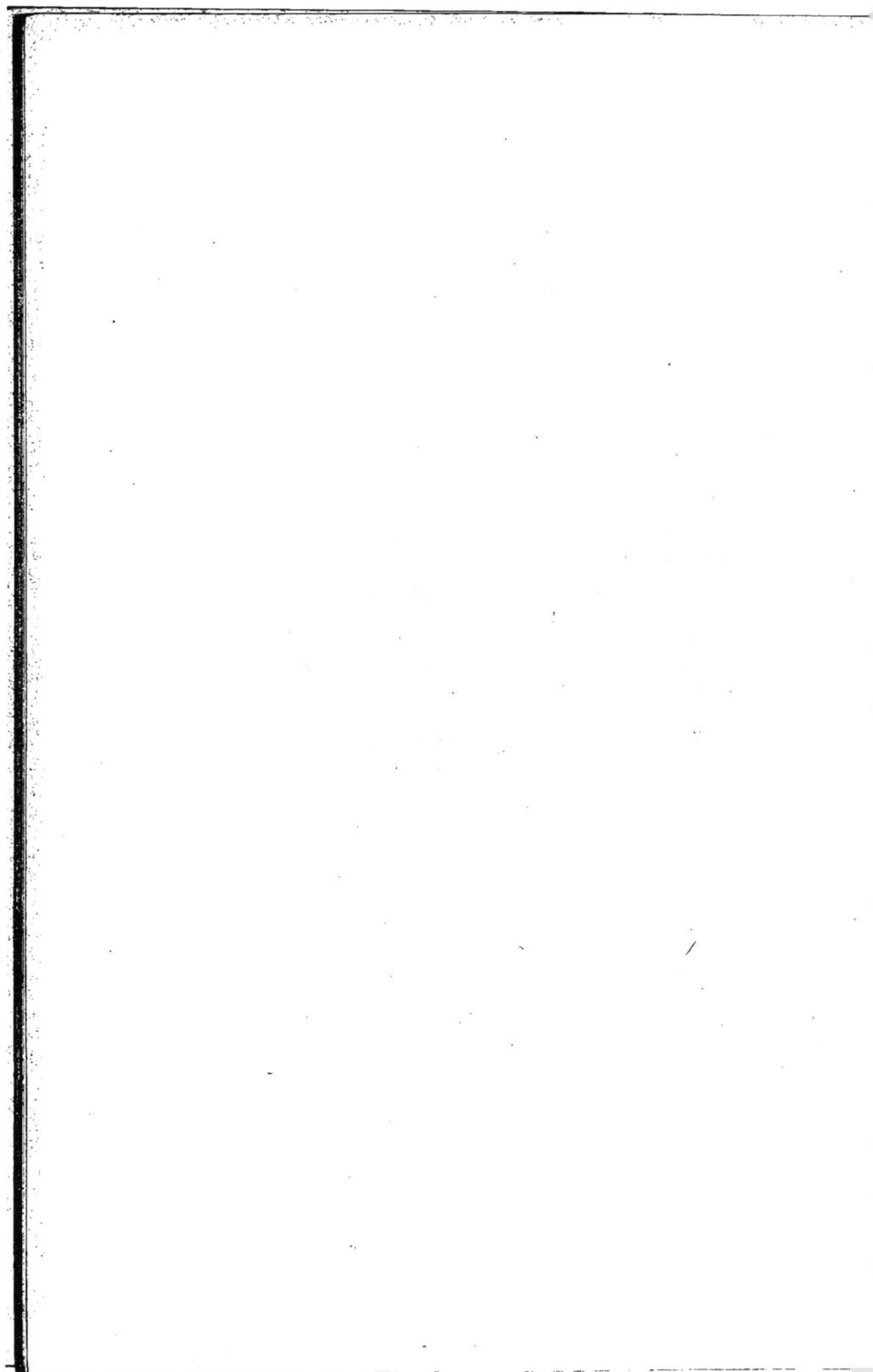

« Relève ta robe, et traversons le ruisseau en posant nos minces bottines sur les pierres : avoue que, pour toi qui aimes le pittoresque, il y en a infiniment plus ici que dans le bois d'à côté.

« Voici les fameux cygnes noirs avec leurs becs rouges ; ils sont plus rares que les blancs, cependant je donne la préférence à ces derniers.

« Ces deux grands oiseaux qui s'ébattent au bord de l'eau sont des pélicans, les plus grands pêcheurs du monde ; car ils ne se nourrissent que de poisson. Vois-tu cette énorme poche jaune d'or qu'ils ont sous le bec? c'est leur filet ; c'est là qu'ils mettent tous les poissons qu'ils prennent. Tu sais que l'on dit qu'ils se déchirent le flanc pour nourrir leurs petits ; mais c'est plutôt le sang des pauvres poissons dégouttant sur les plumes de leur cou, qui a donné lieu à ce vieux dicton populaire. Il faut aussi attribuer en partie ce dicton aux plumes rosées si duveteuses et si soyeuses, qui garnissent leur poitrine.

« Je parierais que tu n'as pas encore trouvé le temps de lire la *Faune de la mer Noire*, que je t'ai prêtée il y a quinze jours! cet ouvrage contient des détails curieux sur les mœurs des pélicans. »

Jane avoua qu'elle ne l'avait pas encore ouvert.

Mais comme il est probable qu'elle l'a lu avec grand intérêt depuis qu'elle a vu de si près les pélicans, nous extrayons du livre de M. Nordmann le passage qui nous intéresse.

« C'est ordinairement, dit-il, dans les heures de la matinée, ou le soir, que ces oiseaux se réunissent dans le but de pêcher, procédant d'après un plan systématique qui est apparemment le résultat d'une espèce de convention.

« Après avoir choisi un endroit convenable, une baie où l'eau soit basse et le fond lisse, ils se placent tout autour en formant un grand croissant, ou un fer à cheval. La distance d'un oiseau à un autre semble être mesurée : elle équivaut à son envergure (3 à 4 mètres).

« En battant fréquemment la surface de l'eau avec leurs

Pélican.

ailes déployées et en plongeant de temps en temps avec la moitié du corps, le cou tendu en avant, les pélicans s'approchent lentement du rivage, jusqu'à ce que les poissons, réunis de la sorte, se trouvent enfermés dans un espace étroit. Alors commence le repas commun.

« Outre les quarante-neuf pélicans dont la compagnie se composait ce jour-là, il s'était rassemblé sur les tas d'ulves, de conferves et de coquilles rejetées par les vagues et amoncelées sur le rivage, des centaines de *mouettes*, d'*hirondelles*

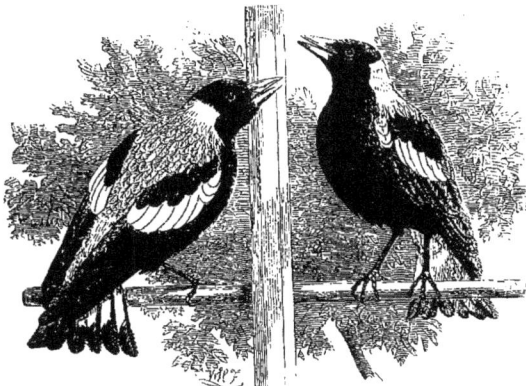

Choucaris.

*de mer,* de *choucaris*, qui se préparaient à happer les poissons chassés hors de l'eau, et à partager entre eux les restes du repas.

« Enfin plusieurs *grèbes* de la petite et de la moyenne espèce (oiseaux marins dont on emploie le plumage fauve et blanc comme fourrure d'hiver), nageant dans l'espace circonscrit par le demi-cercle des pélicans, tant que cet espace fut encore assez grand, prirent, eux aussi, leur part du festin en plongeant fréquemment après les poissons effrayés et étourdis.

« Quand tous furent rassasiés, la compagnie entière se rassembla sur le rivage pour attendre le commencement de la digestion. Les pélicans lustraient leur plumage rosé, recourbaient le cou pour le laisser reposer sur le dos, et faisaient

2

ainsi, à côté des petites et frêles mouettes, l'effet de colosses
informes.

« De temps en temps quelqu'un de ces oiseaux vidait sa

Grèbe cornu.

poche jaune bien garnie de poissons, en étendait le contenu
devant lui et se plaisait à le contempler. Les poissons qui se
débattaient encore avaient bientôt la tête écrasée d'un coup
de bec. »

M^lle Dumay et sa nièce, après avoir suivi une allée pleine
d'ombre et de fraîcheur, étaient arrivées devant la rotonde
des poules.

« Toi qui n'as jamais vu, fit M^lle Dumay, que les poules
noires et grises de la basse-cour de ma fermière, tu ne te
serais jamais imaginé, ma chère Jane, qu'il existât une si
grande variété de poules et de coqs? Toutes les espèces que
tu vas voir sont parfaitement acclimatées, et l'on peut acheter
le couple que l'on désire et faire ensuite des élèves... Tiens,

l'année dernière j'ai fait ici l'acquisition d'une paire de poules cochinchinoises, et Dieu sait les nombreuses omelettes qu'elles m'ont fait manger. Regarde un peu, quelle belle couleur fauve! et comme elles sont tout ébouriffées de cette quantité de longues plumes qui les couvrent des griffes au bec!

« Quoique leur grosse chair soit un peu filandreuse et sans saveur, on les recherche pour nos basses-cours; car elles sont très-bonnes couveuses. Les poules *Brahma-Poutra*, à côté, sont excellentes pondeuses, et lorsqu'on possède ces deux espèces, on peut avoir un grand nombre de belles et bonnes volailles.

« Et voilà, mademoiselle Jane, à quoi sert le Jardin d'acclimatation!

— Et ceux-ci, tu ne m'en dis rien?

— Ce sont les poulets de l'Inde et les poulets de Java, jolie espèce très-variée de couleur. Mais c'est une volaille de luxe et d'agrément.

« Poulets de *Crève-cœur*...

— Ils sont charmants! je leur trouve une petite allure parisienne.

— Je ne dis pas le contraire; mais ce sont de charmantes inutilités, car, malgré les quelques services dont on leur est redevable, ils ne peuvent être comparés aux fameux poulets du Mans, qui sont laids et lourds, mais qui possèdent une chair ferme et grasse, exquise, en un mot. Voici les *Andalous*, il suffit de les voir pour deviner leur origine. La poule andalouse couve mal; mais elle donne des œufs énormes, et elle est sobre; ces poulets, étant du Midi, craignent beaucoup le froid, qui leur est fort nuisible; leur crête gèle facilement.

— Oh! qu'ils sont drôles ces blancs-là!

— Ils ont, en effet, une singulière physionomie, dit, en

riant M^{lle} Dumay; avec leur visage noir et leur corps d'un blanc de neige, ils ressemblent à des nègres habillés de blanc, aussi les nomme-t-on coqs et poules *nègres*. Ces poules sont les meilleures de toutes les couveuses.

« Terminons par la race huppée par excellence, celle des poules *Padoue*. Cet ornement large et touffu qui les coiffe si gentiment les empêche d'être propres à la vie de basse-cour, car la pluie leur en fait un masque et les aveugle. La race turque de Wallikiki, que tu vois à côté, est peut-être la plus bizarre de toutes; elles n'ont pas de queue, et leur tête est ornée d'une touffe de plumes roides qui leur donne un air fier et hardi. »

Jane n'écoutait plus sa tante. Une troupe de pigeons attirait ses regards.

« Oh! les beaux pigeons bleus! je n'en avais jamais vu de semblables.

— Mais, avant de les visiter, ne veux-tu pas examiner un peu ces volailles de la Flèche, de Bresse et de Barbezieux? je te dirai par quels soins et quelles peines on arrive à les rendre si fines, si blanches, si grasses. Certes tu ne t'en préoccupes pas, quand tu les vois telles sur la table. Ainsi ces pauvres bêtes, destinées à être engraissées, sont enfermées dans une cave ou dans tout autre réduit obscur et silencieux; ensuite elles sont privées d'eau.

— Mais c'est un affreux supplice qu'on leur inflige.

— Et cependant tu les manges, et en les mangeant, hélas!... tu ne peux... qu'approuver ce supplice.

— Oui... mais elles sont cuites au moins! reprit Jane d'un ton tragi-comique.

— Non content de les priver d'air, de lumière et d'eau, on les gorge de son et de farine dans les premiers jours, puis on commence à les empâter.....

— Bon! c'est-à-dire à les faire manger malgré elles!

— A les empâter de boulettes faites d'orge et de farine pétries dans du lait, et qu'on appelle pâtons. On commence à leur en donner deux par jour; on finit par dix, douze quelquefois. Après quoi, si on n'a pas la précaution de les tuer au bon moment, elles étouffent. Une volaille de la Flèche, de Bresse ou du Mans, ainsi engraissée, vaut de dix à vingt francs, selon la grosseur ou la saison.

« Maintenant voyons les pigeons... un peu rapidement; car nous avons encore beaucoup d'autres oiseaux à examiner. La variété du jardin est complète : le pigeon *Tambour*, les *Russes*, les *Brésiliens*; les *Cravatés*, les *Papillotés*, coquets comme des jeunes filles... le pigeon-*hirondelle*, le ramier, voyageur par excellence, qui doit te rappeler la jolie fable de la Fontaine. »

Mⁱˡᵉ Dumay s'arrêta devant une petite plaque bleue qui portait le nom suivant : *Pigeons-Étourneaux a tête pleine.*

Et quand sa nièce arrêta ses regards sur la même plaque, elles se mirent à rire de tout leur cœur.

« Les étourneaux doivent cependant avoir la tête légère et creuse... fit Jane en essuyant ses yeux, humides des larmes de ce bon rire de la jeunesse.

— Ah! par exemple! fit Mⁱˡᵉ Dumay, voici les plus jolis et les plus singuliers de tous. Vois s'ils ne ressemblent pas tout à fait aux nonnes, avec leur grande coiffe blanche dont les ailes droites de chaque côté de la tête simulent un voile. Ils sont bien nommés *Voile-Cornette.*

— Et ces *Capucins*, qui ont un manteau brun et un capuchon!... Tiens! nous voici arrivées au bout de la rotonde.

— Eh bien! prenons cette allée bordée de grillages. Il y

a tout le long une multitude de petits parcs remplis d'oiseaux que nous n'avons pas vus.

— Et ensuite?... demanda Jane qui marchait près de sa tante. .

— Ensuite, nous irons nous asseoir sous la tente devant la volière; cela nous reposera, et nous regarderons les oiseaux captifs. »

A vrai dire, Jane en était enchantée.

Grue couronnée.

« Voici la *grue*. Elle accourt bêtement en étendant ses deux grandes ailes; donne-lui du pain, et tu vas entendre son grognement sourd.

« Ces quatre autruches ont des plumes magnifiques, la noire surtout. Remarque leurs yeux : ils diffèrent peu des nôtres comme conformation apparente. Elles sont très-gour-

mandes, tout à fait sans gêne, et tous nos petits pains n'y
suffiraient pas. Elles possèdent un si bon estomac! Quel dommage que nous n'ayons pas quelque menue ferraille à leur
offrir; elles avalent avec une satisfaction évidente les clous,
les clefs, et même les couteaux.

— Voilà des goûts de sauvages, par exemple!

Autruches.

— C'est peut-être aussi pour broyer dans leur estomac les
autres aliments qu'elles y ont entassés. Malgré la grosseur de
leur corps, elles sont d'une grande légèreté à la course; aussi
les Indiens s'en servent-ils comme montures; ils leur font une
chasse active. Les mâles possèdent les plumes superbes dont
on fait un si grand commerce.

— Oui; et c'est bien dommage qu'il n'y en ait en France
qu'à titre de curiosité.

. — Cependant on est parvenu à les domestiquer. Mais les quelques rares négociants en plumes qui ont tenté cette domestication, ont eu bien des déboires et des difficultés. Il est très-curieux d'observer avec quel soin et quelle patience ces énormes oiseaux font leur nid, couvent leurs œufs et élèvent leur famille. Ils creusent avec leur bec puissant un trou dans la terre, en rejetant tout ce qui leur est nuisible, c'est-à-dire les déblais, et même de grosses pierres, qu'ils soulèvent comme de simples plumes. Les femelles déposent ensuite douze à quinze œufs dans ce nid, nid précieux que les habitants du pays savent bien découvrir, les œufs d'autruches, comme ceux des tortues, étant d'une extrême délicatesse. Quand la mère couve ses œufs, s'il vient à pleuvoir, le mâle, qui paît dans les environs, accourt aussitôt et étend ses larges ailes pour protéger le nid. Souvent le couple se penche au-dessus pour considérer les œufs, les retourner, les changer de place, et si l'un de ces œufs est entaché de quelque défaut, il est porté hors du nid; puis, quand les petits autruchons peuvent marcher, la mère les conduit vers les herbes les plus tendres, et le père ferme la marche, veillant à ce qu'aucun ennemi ne vienne troubler la quiétude de son intéressante famille. »

M<sup>lle</sup> Dumay et sa nièce continuèrent à parcourir les parcs des grands oiseaux.

« J'aime ce petit pré couvert de cigognes, dit la tante en s'arrêtant; les unes sont couchées, les autres se tiennent mélancoliquement sur une patte, celles-ci voltigent gauchement comme si elles avaient reçu le plomb du chasseur. En Allemagne, elles se posent sur les ruines des vieux châteaux avoisinant les bords du Rhin. On les aime, on les respecte; car elles rendent de grands services en détruisant toutes sortes d'insectes, et même des reptiles. Malheur à celui qui tue une cigogne ou qui dérange son nid! C'est la protectrice du

Mare aux grues, cigognes, etc.

foyer, qui porte bonheur à celui qu'elle honore de sa présence, comme chez nous l'hirondelle.

Cigogne noire.

— Son cri est peu mélodieux, et ne ressemble en rien au délicieux gazouillement de nos hirondelles. Quels sont ces jolis oiseaux blancs aux ailes bleuâtres?

Goëland à manteau noir.

— Les *goëlands*, oiseaux maritimes qui rasent les eaux

pour y chercher leur nourriture. Au milieu du cercle qu'ils forment, je vois une *mouette rieuse*. Quand le goëland se tient tranquille sur l'eau et que la mouette rit, les pêcheurs disent que c'est signe d'orage... Plus loin, voici la cigogne noire, aussi sauvage, aussi farouche que la blanche est douce et familière. »

Jane se mit à rire à la vue de quatre oiseaux gris alignés comme des soldats, et dont les grands yeux bêtes, au bout de

Huîtrier.

longs cous blancs marbrés, regardaient les visiteurs d'un air étonné et inquiet.

« Ce sont les *barges marbrées*, dit sa tante; elles ont l'air bien inoffensif. Leur principale occupation est de chercher dans l'eau de petits vers pour se nourrir. Vois maintenant tous ces oiseaux qui se bataillent pour la bouchée de pain que tu viens de leur jeter... Il y en a un fort drôle.

— Celui qui porte comme une espèce de collerette?... Il fait des bonds, des sauts, des voltiges tout à fait amusantes : on dirait qu'il lutte sans cesse contre un être imaginaire.

— C'est au morceau de pain qu'il en veut... Il se nomme le *combattant*, et rien n'est plus intéressant que les luttes continuelles et les combats qu'il livre aux vers et aux insectes. Il est précieux pour les jardins potagers, et c'est en même temps un bel oiseau d'ornement.

— Le vanneau, l'huîtrier, le courlis et le bihoreau ont l'air de s'entendre très-bien, dit Jane.

Bihoreau.

— Ce n'est pas étonnant; ils se nourrissent d'une façon toute différente. Le *vanneau*, dont les œufs et la chair sont si délicats, est un voyageur qui dévore les chenilles et les vers. L'*huîtrier* mange les huîtres et tous les coquillages qu'il peut trouver; aussi se tient-il presque toujours sur les bords de la mer. Le *bihoreau*, enfin, est un grand destructeur de souris, de rats et de mulots; naturellement il chasse surtout la nuit.

— Ces deux longues plumes blanches si effilées qui retombent sur son dos gris ardoisé, font un piquant effet.

— Je vais te montrer un singulier oiseau, qui vient du Sénégal : c'est le grand *marabout*, posé gravement devant ce
grillage. Nous resterions à lui párler et à lui offrir du pain
pendant deux heures, qu'il ne bougerait pas davantage. Il me
fait rire avec sa longue patte appuyée à terre, et l'autre en
l'air comme s'il rendait un oracle. Ses deux grandes ailes me

Marabout.

font l'effet de basques d'habit ; son cou semble avoir une cravate. Mais remarque sous sa queue ces belles plumes duveteuses qu'on appelle marabouts ; elles étaient fort à la mode de
mon temps, c'est-à-dire quand j'étais jeune, ajouta-t-elle en
souriant.

« Mon pauvre marabout, avec ta tête chauve, comme moi tu
es passé de mode !... Et quand tu serais là, baissant tristement
ta tête et ton grand bec, plongé dans tes réflexions sur les

vicissitudes des choses de ce monde, tu n'y changerais rien.
Aujourd'hui, vois-tu, la moindre plume de poule pintade
ou de coq ordinaire est plus prisée que la plus belle des
tiennes !

« Tu ne saurais croire, petite, continua M^lle Dumay en s'asseyant sur un banc en face d'un massif d'héliotropes, lorsque
je vois tous ces oiseaux aux différentes allures, aux plumages

Faisan doré.

divers, combien je regrette ce pauvre Grandville, ce spirituel
dessinateur qui a si bien saisi tous leurs types variés !

« Te souviens-tu comme moi de ce charmant livre qu'on
appelle *les Animaux peints par eux-mêmes*, et *les Métamor-
phoses du jour*, et tant d'autres?

« Si Grandville était encore là, bien certainement il aurait
déjà crayonné les poulets andalous avec des castagnettes aux
pattes.

« Et le marabout, avec ses grandes ailes, sa cravate et sa tête chauve, nous représenterait un bon papa d'épicier retiré, lisant gravement *le Constitutionnel*.

— Et des barges marbrées, dit Jane, il aurait fait quatre conscrits ne sachant pas encore où il faut poser le pied, et regardant le *sargent* d'un air inquiet. »

Et Jane de rire aux éclats.

« J'aperçois toute une troupe de faisans *dorés*... Ils sont un

Faisan argenté.

peu loin; cependant en voici un qui vient vers nous : nous allons l'admirer tout à notre aise. Baisse-toi et écoute sa voix : on dirait une petite flûte. Et son plumage? L'or, la pourpre, l'orange, l'émeraude et l'azur le font ressembler à un diamant du ciel !

« Allons maintenant voir les faisans *argentés*, et dis-moi, chère Jane, si tu as vu quelque chose de plus distingué que ce velours noir sur ce blanc de neige ! Regarde ces dessins noirs sur ce blanc si pur : ne dirait-on pas qu'ils sont tracés à l'encre de Chine par une main habile ? C'est le plus bel oiseau de nos basses-cours, et sa beauté n'est pas son seul mérite : sa chair est fine, délicate, estimée, surtout quand elle est un peu... attendue. Dans les grands dîners de cérémonie, on sert le faisan avec ses plus belles plumes.

— Et l'on a bien raison, ma tante : les mets parés semblent meilleurs.

— Si le faisan est l'ornement de nos basses-cours, voici un oiseau qui en est peut-être la plus grande utilité, et pourtant on le connaît peu dans nos pays : il se nomme l'*agami*. A le

Agami à dos blanc.

voir, on ne se douterait jamais de ses qualités; car son aspect n'a rien que d'ordinaire. L'*agami*, dans plusieurs contrées, est le chien de la basse-cour, comme Pandour est le chien de garde du troupeau de ma ferme. Il se tient ordinairement sur une pierre ou sur la margelle d'un puits; et là, posé, grave

3

et noble comme un magistrat, il veille à l'ordre général. Rien ne lui échappe. Qu'une poule vagabonde et aventureuse cherche à franchir la clôture de la cour, l'agami s'élance après elle, et la force à retourner parmi ses compagnes. Qu'un méchant coq arrache les plumes d'un jeune poulet nouveau, vite l'agami accourt et punit le tyran par quelques coups de bec bien appliqués et bien sentis.

« Quand vient la distribution du grain, l'agami n'y touche

Demoiselle de Numidie.

pas; mais il veille à ce que les petits poussins aient bien la part qui leur revient; il chasse les gros pour laisser manger les petits; il met obstacle aux manifestations de jalousie; et quand il y a combat, il sépare les combattants. Souvent aussi on l'envoie à la garde des troupeaux, et il remplit parfaitement l'office des chiens. Deux agamis suffisent pour surveiller un troupeau de moutons; un seul, pour un troupeau d'oies :

quoique beaucoup plus petit et plus faible que ces volatiles,
il sait très-bien s'en faire obéir.

— Bon agami, s'écria Jane émue, tiens! tu auras un bon
morceau de pain pour ta récompense.

— Et ces jolis oiseaux gracieux comme leur nom : *Demoiselles de Numidie*. Leur jolie robe azurée, leur bec fin et
allongé, cette aigrette qu'elles relèvent fièrement : tout en elles

Flamants roses.

est plein de coquetterie. Elles se réunissent par bandes, et, le
soir, dans leur beau pays, elles vont au bal, comme les demoiselles, et exécutent des évolutions si gracieuses, qu'on croirait qu'elles dansent des quadrilles.

Tous ces beaux grands oiseaux blanc rosé qui barbotent dans
l'eau comme d'indignes canards, sont les *flamants roses*. Leurs
longues pattes sont roses, leur bec est rose et noir; quand ils

agitent leurs ailes, on les voit doublées d'un rose éclatant
bordé de noir. Vois comme ils battent l'eau et la vase pour en
faire sortir les vers et les petits poissons.

Voici le héron au long bec, emmanché d'un long cou, qui
s'avance sur ses longues pattes. Je pense, ma chère Jane, que

Héron.

tu n'as pas oublié la jolie leçon que ce long et dédaigneux
personnage a inspirée à la Fontaine :

> Il fut tout heureux et tout aise
> De rencontrer un limaçon.

Et cependant cet oiseau, si délicat et si gourmand, au dire
de notre bon fabuliste, préfère encore aux poissons des étangs
les mulots, les rats d'eau et même les petits reptiles. Au moyen
âge, le héron était en grande faveur ; on le chassait avec le
faucon, et sa chair, quoique fort médiocre, était considérée

comme une viande royale, et servie dans les festins d'apparat, comme le paon.

On entretenait des *héronnières* avec autant de soin que les faisanderies. Longtemps elles ont été communes en France; mais aujourd'hui elles sont presque disparues. D'autres oiseaux, plus utiles et plus précieux, ont remplacé les hérons.

Ils vivaient en association dans les marais, et rien n'était plus curieux que de voir ces oiseaux par centaines, les pattes dans la vase, immobiles, le cou replié, attendant patiemment le passage de la proie convoitée.

Quand ils bâtissent leurs nids, les hérons choisissent des arbres élevés, tels que les peupliers et les aunes, quelquefois le faîte de quelque vieux poteau abandonné.

Les corneilles sont pour eux de terribles ennemis; et, tandis que les mères couvent avec amour leur nid élevé, et que les pères sont en chasse ou plutôt en pêche, ces corneilles hardies les attaquent toutes ensemble, dispersent la couvée et la dévorent. Mais si les absents entendent les cris perçants de leurs moitiés, ils accourent, et vengent leurs petits avec une rage et une cruauté sans pareilles.

Non-seulement les hérons s'attachent vivement à leurs petits, mais ils leur apprennent à voler, à pêcher comme eux. Ils sont familiers et même caressants envers les hôtes voisins chez lesquels ils pénètrent volontiers, acceptant les débris des repas qu'on veut bien leur donner.

On cite une femelle blessée qui fut soignée et guérie dans une ferme, et qui ne voulut jamais quitter ses bienfaiteurs malgré ses instincts voyageurs; car les hérons aiment fort à changer de pays.

Cette femelle devint en quelque sorte le chien de la maison, si caressante, si douce, qu'elle se laissait même tourmenter par les enfants. Les Chinois ingénieux ont dressé le héron à

pêcher : ils passent à son cou un anneau de cuivre pour l'empêcher d'avaler le poisson, et, s'il a bien travaillé, ils lui
donnent les entrailles pour sa récompense. »

A ce moment un oiseau de grande taille, perché sur deux

Enfants avec un héron.

pattes hautes et fortes, accourut en criant et sépara vivement deux gros canards qui se prenaient de bec.

Jane, tout en observant son plumage gris-clair, son
aigrette mobile et les deux longues plumes de sa queue
qui lui ont fait donner le nom de *Secrétaire,* apprit que
cet utile oiseau de proie, originaire du cap de Bonne-
Espérance, est aussi nommé *Serpentaire* parce qu'il détruit
un grand nombre de serpents, et *Messager* parce qu'il

remplit dans les basses-cours les mêmes fonctions que l'agami, comme il venait d'en donner la preuve à l'instant même.

« Son compagnon, le *Nandou,* est plus précieux pour nous, reprit M^{lle} Dumay. Il appartient à la famille des autruches, mais diffère de celles que nous venons d'examiner par sa taille plus petite et par les trois doigts, au

Secrétaire, Serpentaire ou Messager.

lieu de deux, sur lesquels pose son pied. Sa nourriture se compose de vers, d'insectes, d'herbes, de graines diverses et même de petits reptiles. Ses œufs énormes d'un goût exquis, sa chair saine et abondante, ses plumes enfin connues dans le commerce sous le nom de plumes de vautour, et avec lesquelles on fabrique les plus beaux plumeaux ; tout fait désirer vivement son acclimatation en France. »

Les deux promeneuses se reposèrent une seconde fois sur les fauteuils rustiques placés en face des volières.

Dans la première brillait le *lophophore resplendissant*, qui, certes, mérite bien un nom si magnifique.

Un rayon de soleil vint éclairer son dos écaillé d'émeraudes, de saphirs et d'or.

Sa gorge et son ventre ressemblent à du velours noir, et sa longue queue orangée balaie insouciamment la terre. Il est si beau qu'on l'appelle souvent l'oiseau d'or.

Nandou ou Autruche d'Amérique.

La femelle est bien moins belle que le mâle : son plumage, jaune et noir, ressemble, en plus beau, à celui de nos perdrix.

On voit bien que ces magnifiques oiseaux viennent de l'Inde; quel soleil peut mieux éclairer leurs riches couleurs que ce soleil de feu!

Ils préfèrent cependant un climat tempéré, même froid.

« Vois quel instinct ils possèdent! dit la vieille demoiselle ;

comme il fait une chaleur écrasante, ils s'abattent sur le gazon,
écartant leurs ailes, afin que la fraîcheur de la terre pénètre
mieux sous leurs plumes. Le lophophore mâle fait mieux encore... Regarde, il arrache le gazon et laboure la terre, afin

Tisserin du Bengale.

d'en recouvrir ses pieds. Maintenant qu'il a fini son travail, il
reste tranquille et calme, son œil d'or fixé sur le nôtre.

— Et il semble, ma foi, fort content de son bain de pied de
terre.

« Allons donc un peu du côté des autres volières ; si tu
es fatiguée, ma chère tante, nous nous assoierons pour les
examiner à notre aise.

— Ce petit oiseau qui sautille est le *tisserin travailleur ;* il
tisse tout ce qu'il trouve... Tiens ! il a déjà commencé... Vois,
sur cette branche, ces brins de foin entrelacés avec un art que
la main de l'homme ne pourrait imiter !... C'est la première
pierre de son nid. Quand l'édifice sera terminé, il y déposera
ses œufs.

« La collection des colombes réunie dans ces volières ne

Goura couronné.

laisse rien à désirer sous le rapport de la variété et de la
richesse. Tu es allée au Jardin des Plantes, mais tu n'y as
pas vu ces deux magnifiques *gouras* couronnés. Ce sont les
pigeons des Moluques. Quelle belle couleur gris d'ardoise !
Comme ce plumage est lisse et velouté ! et cet œil de rubis
étincelant ! et cette couronne qu'ils portent si superbement,
est-elle d'une étonnante légèreté ! On dirait de ces feuilles

d'arbres dont les enfants s'amusent à ne laisser que les fibres pour en faire des silhouettes.

« Là, c'est la colombe *longup*, la brillante *lumachelle* d'Australie, les *tourtelines ortolans* des Antilles, qui ne sont pas plus grosses que ces petits oiseaux de nos pays si recherchés des gourmets.

« Tu crois que c'est tout?... et la colombe *voyageuse*, qui vole

Perruche de Pennant.

aussi longtemps et plus sûrement encore que le pigeon voyageur; les colombes à *nuque perlée*, à *double collier*, à *moustaches blanches*, à *large queue*, à *calotte blanche*; les colombes *maillée, Levaillant, passerine*.

« Et ces mignonnes tourterelles, aussi jolies que leurs noms : tourterelle *émeraudine*, tourterelle *blonde*, d'un blond adorable, doux et frais aux regards, tourterelle *vineuse*, à *oreillons*.

— Quel vacarme du côté de cette petite volière!...

— Ce sont les perruches... Il y en a beaucoup; mais nous ne pourrons pas les voir toutes, car la chaleur est si forte qu'elles se sont réfugiées dans leur maisonnette.

« Cependant voici la plus remarquable : la perruche de *Pennant*, don de M. Mer, capitaine de vaisseau (un nom fort heureux que celui du capitaine). »

Ibis rose.

Jane, restée un peu en arrière de sa tante, s'extasiait devant

Spatule blanche.

l'*ibis rose*, d'un rose si pur et si vif, qu'elle trouvait qu'il éclipsait les roses de son chapeau. Mais l'ibis, ayant forcé une malheureuse souris à sortir de son trou, la saisit avec son grand vilain bec, et l'avala presque vivante.

Hocco.

L'ibis *sacré*, noir et blanc, obtint aussi les suffrages de la

Pénélope.

jeune fille, et un petit pain tout entier passa à travers le grillage de la grande volière. Les *spatules blanches*, le *hocco*, toute la variété des *pénélopes* accoururent à l'envi.

« Allons, allons, chère petite, lui cria sa tante la rappelant, viens! donnons un dernier coup d'œil à ce *merle bronzé* du Sénégal, que le soleil du bon Dieu a revêtu de si riches reflets métalliques...

— On dirait que son œil est d'or pur! s'écria Jane.

— Cinq heures! fit vivement M^{lle} Dumay en regardant à sa montre. Je pensais bien qu'il était tard! Partons vite, et tâchons de trouver un omnibus qui ne soit pas complet.

— Comment, déjà? mais, ma tante, nous n'avons pas tout vu; j'ai aperçu là-bas de jolies petites gazelles, et des...

— Et des chèvres, et des lamas, et bien d'autres... Nous n'avons pas vu non plus l'aquarium, la magnanerie, la serre, le rucher... »

Jane avait l'air tout chagrin.

« Sois tranquille, petite capricieuse, continua sa tante en riant, lundi prochain tu déjeuneras de bonne heure, j'irai te prendre, et nous ferons notre seconde visite au Jardin d'acclimatation. »

# SECONDE VISITE

Toute la semaine qui suivit s'écoula pour Jane un peu lentement, peut-être, mais du moins sans un instant d'ennui.

Elle avait à décrire, à ses parents et à ses amies, les oiseaux rares et merveilleux qu'elle avait admirés. Elle tenait à montrer qu'elle possédait une teinte d'ornithologie. Les mœurs de l'*agami*, du *pélican*, du *tisserin* furent expliquées par elle avec un si vif intérêt, que M. et M<sup>me</sup> Dumay ne pouvaient s'empêcher de sourire en l'écoutant.

La vieille et aimable tante, attendue avec tant d'impatience, arriva au jour fixé.

Jane fut bien vite prête; et, malgré la recommandation de sa tante, qui jugeait inutile pour visiter l'aquarium la provision de petits pains, elle trouva le moyen d'en fourrer deux dans le sac anglais.

L'omnibus s'arrêta trop souvent à son gré, et les chevaux lui semblèrent paralysés tant ils allaient lentement.

« Cette fois-ci, disait la tante, nous allons voir quelque chose de plus curieux encore que les oiseaux.

— L'aquarium? m'as-tu dit.

— Oui, ma mignonne, l'aquarium, qui est peut-être une des choses les plus rares et les plus curieuses qui existent à Paris. Tu ne t'imagines pas quels soins, quelles peines a exigés l'installation de cet aquarium; quelles difficultés on a dû vaincre pour réunir toutes les conditions indispensables pour faire vivre ces poissons, ces mollusques, ces fleurs de la mer, qui nagent et se promènent, qui mangent et respirent.

— Des fleurs qui se promènent! s'écria Jane.

— Tu as bien entendu parler des *anémones de mer,* des *actinies?*

— J'en ai une si faible idée!... murmura Jane.

— Que ce n'est pas la peine d'en parler... Nous voici arrivées. Cette fois, je te promets bien que tu auras une idée complète de ces admirables merveilles de la mer qu'on appelle anémones. »

Le jardin fut traversé rapidement, malgré les grands oiseaux des parcs qui accouraient vers les deux promeneuses, mendiant une bouchée de pain.

Elles entrèrent bientôt à l'aquarium.

Jane fut d'abord frappée de l'effet produit par la lumière douce, et de la température très-basse qui régnait dans cette longue salle.

Les réservoirs rangés sur une seule ligne sont au nombre de quatorze : quatre pour les habitants des eaux douces, dix pour ceux qui ne vivent que dans l'eau de mer.

On peut dire que ces quatorze réservoirs forment autant de tableaux lumineux, animés, féeriques.

La lumière les éclaire par en haut au moyen d'écrans intelligemment disposés, et traverse l'eau dans toute sa profondeur.

Des rochers sont groupés artistement au milieu de chaque

Aquarium (Actinies).

4

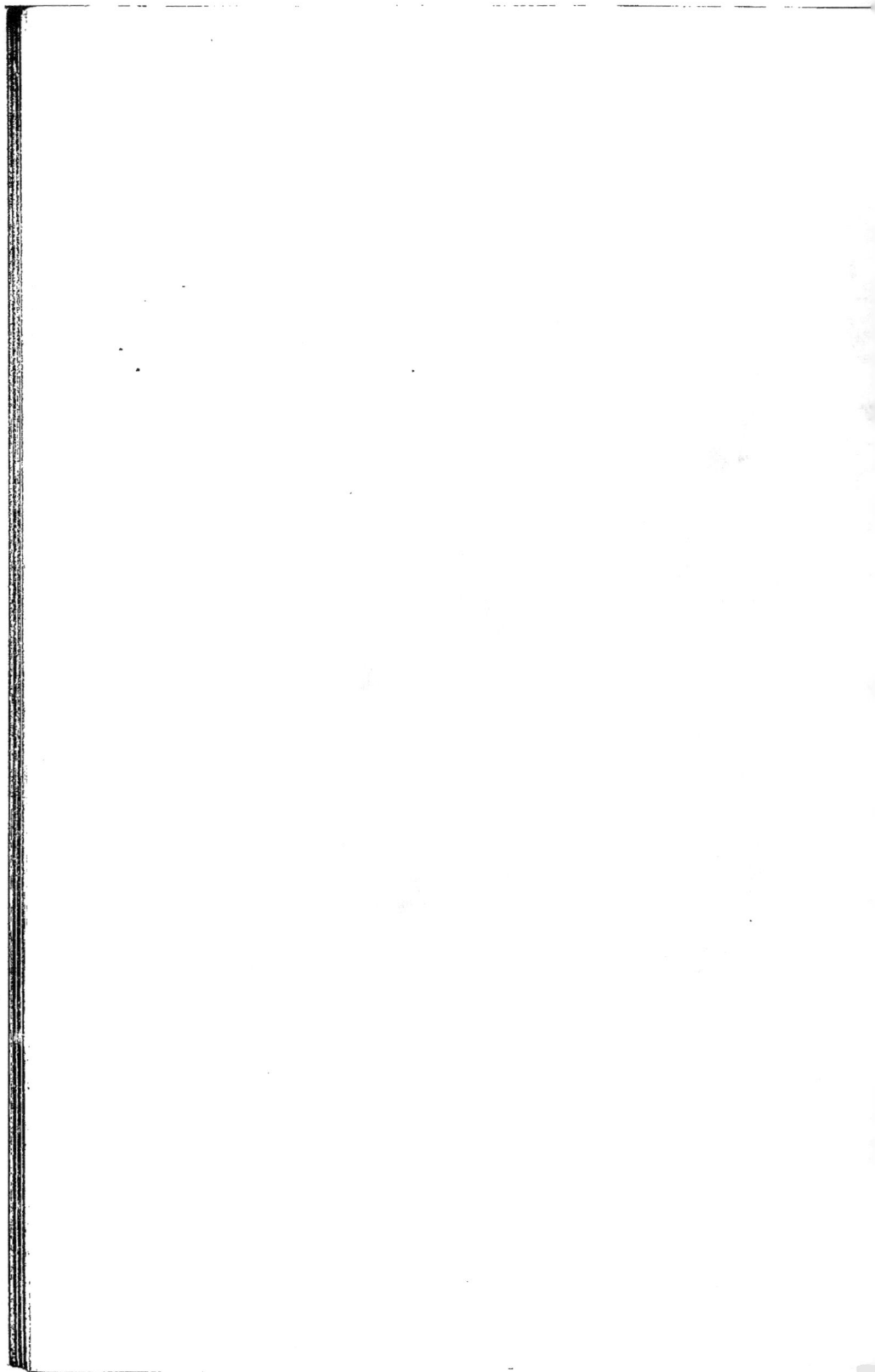

réservoir, et des glaces laissent voir les animaux dans tous les sens, en permettant au spectateur d'étudier à son aise leur conformation et leurs mouvements.

M<sup>lle</sup> Dumay expliqua à sa nièce que l'eau de mer était renouvelée sans cesse par une circulation obtenue au moyen d'une machine hydraulique et pneumatique, et qu'elle était aussi chargée d'air par la même machine; car on sait que les animaux marins ont besoin pour vivre, non-seulement d'eau, mais encore d'air et de lumière.

Les quatre bacs d'eau douce, qui commencent la série de l'aquarium, sont traversés par un courant continuel d'eau purifiée par un filtre à charbon de bois.

Cette eau peut servir indéfiniment, comme l'eau de mer des bacs suivants, laquelle n'est pas filtrée, mais purifiée seulement par un trop-plein de porcelaine percée de trous, qui la débarrasse de la poussière et de toutes les impuretés qui pourraient être nuisibles aux animaux.

Le premier réservoir d'eau douce est animé par plusieurs espèces de poissons, que M<sup>lle</sup> Dumay montra à Jane en les lui nommant.

« D'abord la *carpe,* dont on voit si distinctement, à travers la glace de l'aquarium, les écailles rondes à miroir.

— Je sais, ma tante, fit Jane, que la carpe est le poisson qui atteint à la plus grande longévité. J'ai entendu dire que les carpes de Fontainebleau datent du temps de François I<sup>er</sup>.

— Sais-tu maintenant à quoi sert ce joli poisson blanc et nacré qu'on appelle *ablette?*

— Dame, je pense qu'on le fait frire comme le *goujon.*

— L'ablette possède une autre qualité que celle de fournir un excellent mets en friture. Il y a en France une industrie assez importante, la fabrication des perles fausses. Eh bien, c'est avec la matière nacrée des écailles de ce petit poisson, — ma-

tière appelée *essence d'Orient*, — qu'on donne aux globules
soufflés l'imitation des perles fines.

— Certes, j'étais loin de me douter qu'il entrait des écailles
d'ablettes dans mon collier de perles blanches!

— Cette *dorade*, qu'on appelle aussi *poisson rouge* de la
Chine, ne te semble-t-elle pas vêtue d'argent et d'or? Ce
poisson vit aussi bien dans l'eau de mer que dans l'eau douce.
En mer, la dorade fait une chasse cruelle aux *poissons volants*,
dont elle est très-friande.

« Voici la *brème* et le *gardon*... Remarque la vivacité, la
pétulance de ce petit poisson d'argent.

« Celui-là, d'une couleur vert-olive, c'est la *tanche*, qui
nage lentement, tranquillement, sans avoir l'air inquiet et
agité des autres. C'est qu'en effet elle n'a rien à craindre : son
corps tout entier est enduit d'une matière visqueuse et grasse
qui éloigne d'elle tous les poissons, même les plus voraces.

« Tiens, regarde ce *barbeau* qui sort de ce rocher. Autour
de sa bouche pendent des *barbillons*, organes qui lui servent
à découvrir les insectes et les vers dont il se nourrit.

« Avant de passer au deuxième réservoir, examine un peu
ces cailloux, ce sable, ces herbes qui tapissent le fond du
réservoir; tu verras tout à l'heure qu'ils diffèrent de ceux des
réservoirs d'eau de mer.

« Ainsi, parmi les mollusques enfouis dans ce sable et cachés
par le gravier, tu peux distinguer la *moule* d'eau douce, dont
quelques espèces possèdent la propriété de former des perles
qui se rapprochent beaucoup de celles de l'huître perlière si
estimées.

« Puis la *dreissène*, sorte de moule originaire de la mer
Caspienne, d'où elle est venue il y a une trentaine d'années,
fixée à la cale de quelques vaisseaux. Le plus singulier, c'est
que l'eau de mer est très-nuisible à ce mollusque. On pense

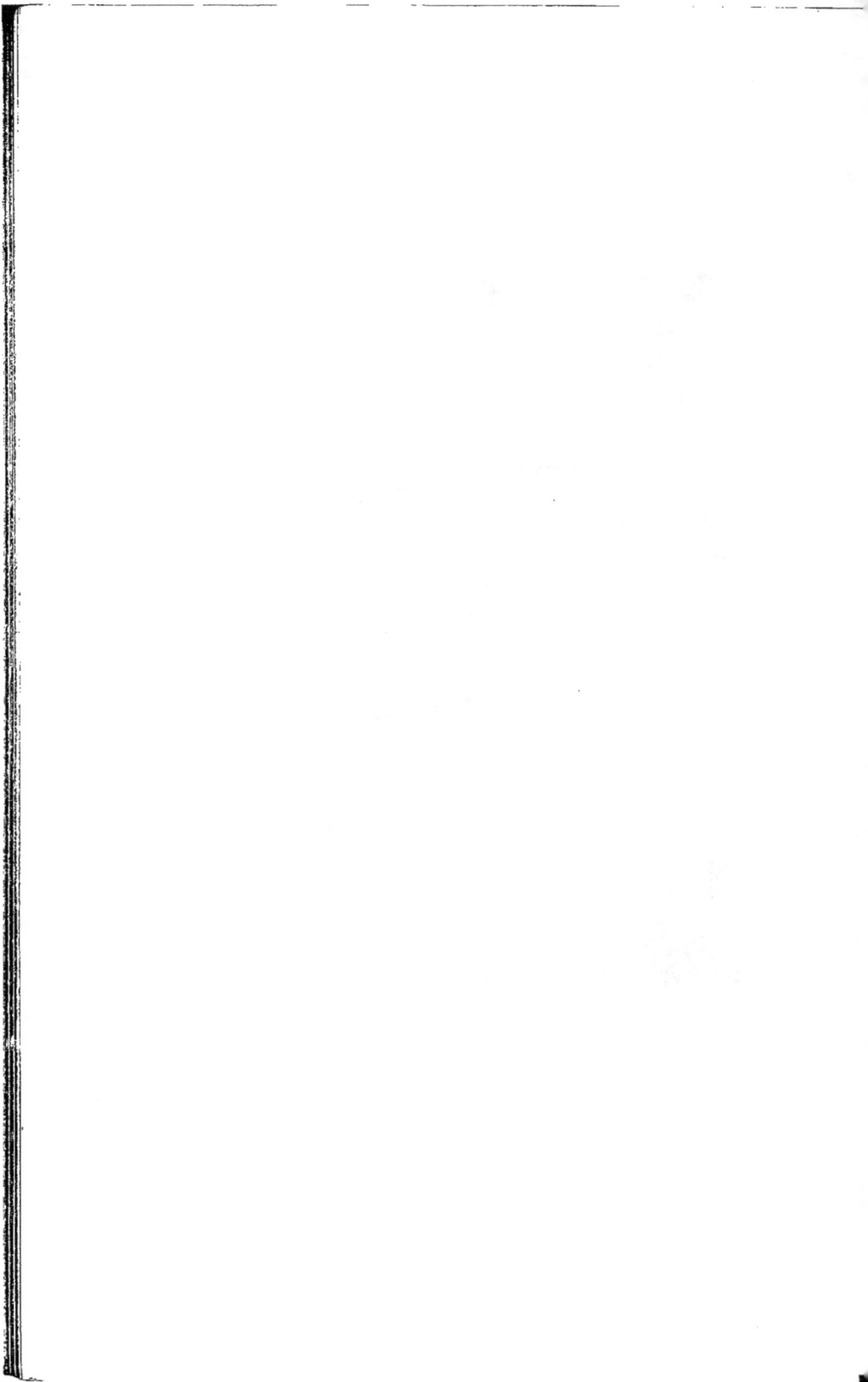

que, durant toute leur traversée, les dreissènes auront eu l'instinct de tenir hermétiquement fermées les valves de leur coquille.

— Je ne croyais pas qu'il existât des moules dans les rivières.

— Passons au n° 2.

— Ah! je reconnais le *brochet*.

— Et la *perche*, tous deux les plus voraces des poissons de rivière. Tu sais bien que le brochet a été surnommé le requin d'eau douce; tu sais encore qu'il a, non pas un bec, mais une longue et large gueule munie de dents nombreuses et acérées. Malgré de telles armes, il ne cherche pas à attaquer la perche, qui est protégée par ses rudes écailles, et surtout par sa forte nageoire dorsale, qui semble bordée d'épines, comme tu peux le voir, et qu'elle redresse au moindre danger.

« Ces deux poissons carnassiers sont quelquefois fort maltraités par l'*épinoche*, petit poisson d'eau douce armé d'aiguillons. On est obligé de le bannir des aquaria; car il ferait la guerre à tous les poissons.

« L'épinoche, par l'intelligence avec laquelle il se construit un nid, est un des poissons les plus intéressants... Mais passons, puisqu'il est caché sous le rocher.

— Oh! ma tante, dis-moi tout de même ce que tu sais de ce poisson nicheur.

— Eh bien, l'épinoche, comme le *tisserin travailleur*, construit son nid avec des racines, des herbes artistement entrelacées. Ce nid a deux portes : une pour entrer, une pour sortir, comme dans les vaudevilles de M. Scribe. Quand les œufs sont déposés sur la mousse fine du nid, l'épinoche mâle répare le dégât fait par la femelle, et se tient en sentinelle près de la porte d'entrée, agitant l'eau sans cesse avec ses nageoires, afin d'écarter les autres épinoches. Remarque, ma

chère Jane, que cette amusante comédie se passe tout au fond
des eaux.

« Passons maintenant aux derniers réservoirs d'eau douce,
n<sup>os</sup> 3 et 4, qui renferment les *saumons* et les *truites*.

« Les saumons sont éminemment voyageurs. Ils vivent
aussi bien dans l'eau de mer que dans l'eau douce.

Nidification de l'épinoche.

« Tu as entendu ton père parler de pisciculture, et tu peux
voir ici de petits saumons éclos récemment dans les appareils
du Jardin d'acclimatation.

« La *truite*, contrairement au saumon, est très-sédentaire ;
aussi recherche-t-elle les lacs. Celles du lac de Genève sont
fort estimées.

« Nous voici arrivées aux réservoirs d'eau de mer. »

Jane jeta une exclamation de surprise et de plaisir.

Le premier réservoir offre, en effet, le spectacle le plus agréable et le plus curieux qu'on puisse voir.

La collection si riche et si variée des *anémones* s'étend sur le sable, perce dans l'épaisseur des herbes vertes, adhère aux rochers, aux pierres, jusqu'aux glaces de l'aquarium, quelquefois même sur les coquilles abandonnées.

Le pied des anémones, qui ressemble généralement à la tige d'un champignon, leur sert à s'attacher aux corps solides.

Le disque est formé par des tentacules fins et déliés, blancs, roses, abricot, verts, pourpre, fauves, orangés, lilas, semblables aux pétales de la marguerite ou de l'anémone de nos jardins.

Au milieu de ces pétales, au centre du disque, paraît la bouche large et profonde.

Rien ne peut donner une idée de la voracité de cette bouche.

Malheur à l'animal qui s'approche! Aussitôt l'anémone, par un brusque mouvement de ses tentacules qui s'allongent, se tordent, se raccourcissent, saisit sa proie, la précipite dans sa bouche et de là dans son estomac.

Malgré toute leur voracité, les anémones ont souvent affaire à quelque ennemi plus actif et plus rusé qu'elles. La petite crevette, lorsqu'elle sent de loin la proie engloutie, accourt, se précipite jusqu'au milieu du disque de l'anémone, et s'efforce de lui arracher de la bouche le morceau convoité. Avec ses petits pieds agiles elle empêche tant qu'elle peut les redoutables tentacules de se rapprocher...

Quelquefois elle triomphe. Bien souvent aussi la crevette forme un supplément au repas de l'anémone.

Ce qu'il y a de plus singulier, c'est que ce zoophyte si

vorace peut rester très-longtemps, un, deux, trois ans même,
sans absorber aucune nourriture.

M^lle Dumay, qui donnait toutes ces explications à Jane,
lui fit remarquer une anémone qui digérait : ses tentacules
étaient tous fermés, appliqués les uns contre les autres, et
présentaient complétement l'aspect d'une marguerite ou d'un
souci.

« En moins d'une heure, cette *jolie fleur* si délicate, si
fine, si transparente, si colorée des plus riches couleurs,
peut vider la coquille d'une moule ou la carapace d'un crabe.
En un quart d'heure elle absorbe un petit poisson nouvellement éclos, une demi-douzaine de vers...

« Que dis-tu de cet appétit?...

« Il est vrai que cette nourriture lui profite; car quelques
heures après elle acquiert un singulier développement.

— Oh! ma tante, que c'est curieux!... regarde ces petites
étoiles blanches, si fines et si menues... Ne dirait-on pas des
pâquerettes de nos prés? Et cette autre, d'un si beau pourpre,
ne croirait-on pas voir une fraise écrasée contre la vitre par
un coup de pouce?

— C'est l'*actinie pourpre*. Voici maintenant l'*actinie crassicorne*, l'*anémone-œillet*, une des plus belles, dont les tentacules, au lieu d'être longs et étroits, sont larges et découpés
comme les pétales de l'œillet.

— Et celle-ci, on dirait qu'elle est en plumes neigeuses;
et cette autre qui réunit plusieurs couleurs!... c'est merveilleux!

— Passons au n° 7, dit la tante en souriant de l'enthousiasme de sa nièce.

— Les anémones sont-elles bonnes à manger? demanda
Jane.

— Excellentes. En Provence on recherche la *rousse* et

l'*anthée*. La *crassicorne* est la meilleure de toutes : bouillie
dans l'eau de mer, elle est aussi appétissante que l'écrevisse,
dont elle a l'odeur.

« L'anémone-œillet est aussi très-estimée. On l'accommode
à la manière des huîtres.

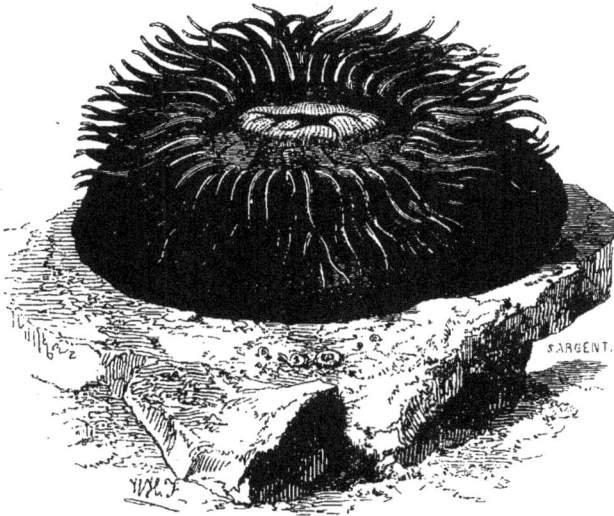

Actinie plumeuse de Sainte-Hélène.

— Vois donc les singuliers animaux qui sont dans ce réservoir... ils ressemblent à des châtaignes.

— Ce sont les *oursins*, appelés communément *châtaignes
de mer* et aussi *hérissons de mer*. Admire les innombrables
piquants dont la nature bardé leur corps, comme autant
de poignards, pour se défendre.

« Les savants ont découvert que la coquille de l'oursin
comestible est composée d'au moins **10,000** pièces distinctes,

si bien assemblées, si bien unies, que l'ensemble paraît former un seul corps, comme tu le vois.

« Toujours sur un oursin comestible on a compté jusqu'à

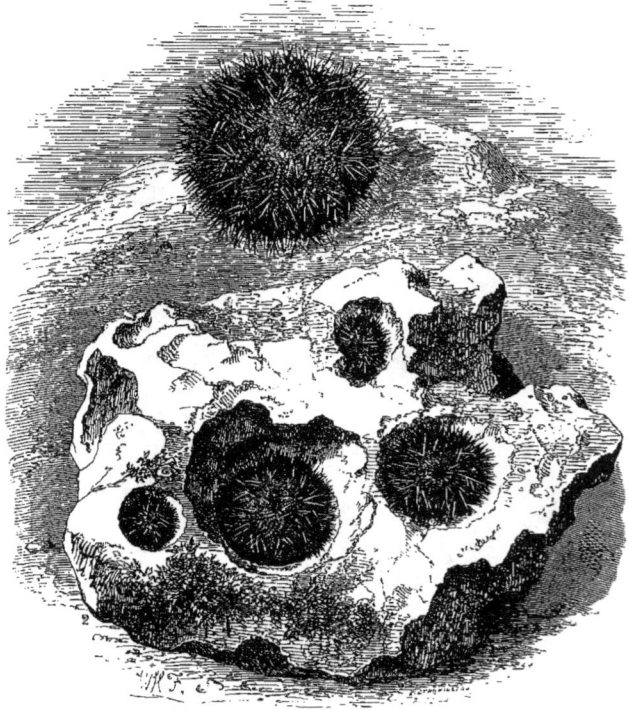

Oursins.

2,000 piquants... de sorte qu'ils cachent entièrement l'enveloppe calcaire à laquelle ils sont fixés.

« Cela me fait penser aux fameuses robes élégantes de nos jours : Il y a tant de garniture, qu'on ne voit plus l'étoffe.

— De quoi vivent donc ces étranges animaux? ont-ils une bouche?

— Oui, ils ont une bouche, et dans cette bouche cinq dents avec lesquelles ils mangent du varech, des vers, des mollusques, et même des poissons.

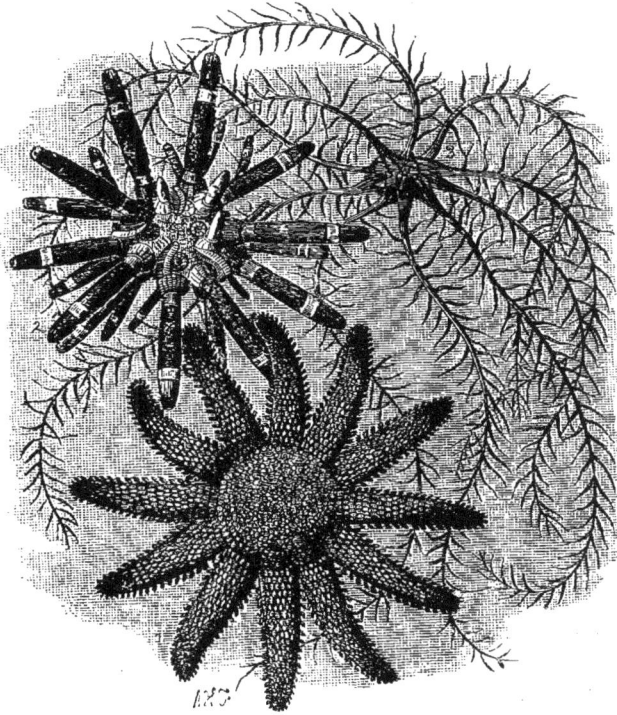

Étoiles de mer.

« Avec ces mêmes dents, ma chère Jane, ils piquent la pierre, ils la creusent, et se font une petite niche dans laquelle ils se logent.

« Cela ne les empêche pas de marcher, de nager très-rapidement, à l'aide de leurs piquants, et de s'accrocher aux rochers toujours à l'aide des mêmes piquants.

— On les mange donc aussi, puisque tout à l'heure tu parlais de l'*oursin comestible*?

— On les mange crus dans beaucoup de contrées maritimes. Bien entendu on les dépouille de leur enveloppe, comme on fait pour la châtaigne.

« Il y a l'*oursin melon*, le *granuleux*, qu'on sert sur les tables, en Corse.

— Quel est cet étrange animal, allongé et raboteux, qui rampe dans ce coin?...

— Tu viens de voir le hérisson de mer, voici maintenant le *concombre* ou le *cornichon de mer*, très-estimé des Chinois, qui en font des pêches considérables.

— Il ne me tente pas, dit Jane en riant.

— Ne quittons pas ce réservoir avant d'étudier un peu l'*astérie*, ou *étoile de mer*. Les astéries ont tout à fait la forme d'étoiles. Elles jonchent le sol de la mer, et tu peux en apercevoir une près de ce gros rocher...

« Regarde dans la glace du haut, tu la verras mieux.

« Eh! ne te rappelles-tu pas que l'année dernière, au Havre, tu t'amusais à les ramasser sur la plage à la marée basse?...

— Elles étaient rouge foncé.

— Celle-ci est d'un gris jaunâtre; il y en a de différentes espèces... La bouche, placée au centre inférieur des cinq branches de l'étoile, est très-vorace.

— Oh! ma tante, une étoile qui mange?...

— L'anémone mange bien! comme elle, l'*astérie* engloutit sa proie tout entière. Elle dévore jusqu'à de malheu-

reuses huîtres qu'elle force à ouvrir leurs coquilles en leur
lançant un liquide stupéfiant

« Ce sont les astéries qui font l'office de nettoyeuses de
la mer. Elles déploient une incroyable activité à faire dis-
paraître, à absorber toutes les matières corrompues qui gisent
au fond de la mer. A chaque être de la création Dieu a
assigné un rôle.

« Aussi, dans sa sagesse, a-t-il doué l'étoile de mer de la

faculté de reproduire, avec une incroyable facilité, la partie
de son corps qui a péri par combat ou par accident.

« Bien mieux, un seul rayon isolé d'une astérie peut de
nouveau s'entourer de ses quatre autres branches; et cette
pousse d'une nouvelle espèce a lieu en moins de quatre ou
cinq jours.

« Il faut bien des astéries pour veiller à la salubrité de la
mer !...

« Mais comme je bavarde ! Passons vite au n° 8, et dis-moi
si tu connais cette branche rougeâtre.

— C'est le corail !

— Il faut rendre une justice aux jeunes filles de nos jours :

voilà le seul habitant de la mer, en y ajoutant l'huître, qu'elles savent nommer tout d'abord...

« Je ne vais donc guère t'en parler aujourd'hui. Tu sauras seulement que le corail est un *polypier* qui forme au fond de la

Coraux.

mer, sur des rochers accidentés, de petites forêts purpurines couvertes de sortes de fleurettes blanches étoilées. Ces fleurettes blanches, disposées, sur le tube rouge du polypier, à peu près comme les fleurs d'un cactus, sont précisément la partie vivante de l'animal : ce qui a fait dire que le corail est rocher en dedans, et animal en dehors.

« Examinons maintenant les animaux les plus intéressants de ce réservoir, les *serpules* et les *sabelles*, si toutefois elles sortent de leur tube; car le moindre mouvement suffit pour les faire cacher.

« Tiens! vois-tu cette houppe écarlate qui s'avance hors de ce fourreau de pierre grise? Elle épanouit son splendide panache de soie rouge, jaune et violet... Remarque de chaque côté du corps ces petites plumes orangées.....

« Bon! la voilà rentrée dans son tube !

— Drôle de petite bête !

— Mais bien adroite; car ce fourreau, qui la protége, c'est elle-même qui l'a construit avec des grains de sable et des détritus de coquille. L'intérieur de cet appartement est tapissé d'une sorte de duvet semblable à de la soie..

« Vite! vite! aux numéros suivants!

— Ma tante, nous reviendrons? murmura Jane d'un ton suppliant.

— Cela t'amuse donc, décidément?

— Oh! oui; c'est si intéressant'... Voici un superbe homard, bleu, vert et jaune.

— Et qui sera d'un rouge splendide quand on l'aura fait cuire. A côté de lui, se confondant avec le rocher sur lequel il repose, j'aperçois un crabe... Que dis-tu des petites crevettes grises et transparentes qui se meuvent au-dessus? Sont-elles gracieuses dans leurs évolutions !

« Le plus curieux des animaux de ce réservoir, c'est le *bernard-l'ermite.*

« Le vois-tu, le cénobite, ou du moins vois-tu sa tête et ses pattes de devant qui sortent de la coquille dans laquelle il s'est logé?

5

— Il semble prendre l'air bien tranquillement à sa fenêtre, comme un bon bourgeois.

— Il guette une proie pour son dîner.

— Mais pourquoi ne sort-il que la moitié de son corps?

Bernard-l'ermite et son parasite.

— Parce qu'elle est protégée par une cuirasse naturelle, tandis que l'autre moitié, totalement dépourvue de défense, est facilement vulnérable. Il faut bien alors qu'il la mette à l'abri des attaques de ses ennemis.

« Pour cela, quand la mer est basse, il cherche sur le rivage une coquille abandonnée dans laquelle il puisse loger sa queue, et où il trouve toute facilité pour sortir librement sa tête et ses pattes. Aussitôt qu'il grossit, il lui faut trouver une coquille plus grande. Une coquille commode est tout ce qu'il ambitionne. C'est là qu'il vit, qu'il se défend; car au moindre bruit il rentre sa tête et ses pattes, et il est impossible de l'en arracher.

« S'il y avait un second *bernard-l'ermite* dans ce réservoir, tu verrais les deux bernards jaloux se prendre aux... pattes pour se disputer la coquille la plus commode.

« Il est une espèce d'anémone qui s'attache spécialement sur la coquille du bernard, et qui tient compagnie à l'ermite. Ils vivent en très-bonne intelligence, et se prennent sans doute de vive amitié; car lorsque le bernard donne congé de son logement, c'est-à-dire quand il trouve sa coquille trop étroite et qu'il en prend une autre plus grande, il détache, à l'aide de ses pattes, avec beaucoup de délicatesse et de courtoisie, l'anémone sa mie et sa locataire, et il l'applique le plus confortablement qu'il peut sur son nouvel appartement. »

Jane rit aux larmes en regardant l'ermite, qui ne se doutait guère de l'intérêt qu'il excitait.

M^{lle} Dumay profita de l'hilarité de sa nièce pour s'avancer vers les onzième et douzième réservoirs, spécialement affectés aux mollusques.

« Jane, reprit-elle, regarde ce joli coquillage, dont l'intérieur semble rouge comme du sang : c'est la *pourpre bouche-de-sang*. De ce coquillage les anciens extrayaient la couleur pourpre violacé, si belle et si estimée.

« En effet, ce mollusque recèle une eau jaunâtre qui devient bientôt d'un beau violet tirant sur le rouge lorsqu'on l'expose à l'action du soleil. J'ai lu, dans un ouvrage fort intéressant

que je te conseille de te procurer et de placer dans ta biblio-
thèque, qu'on a découvert, à Pompeï, un tas de coquilles semblables près de la boutique d'un teinturier. Actuellement
encore, les pêcheurs de nos côtes marquent leur linge avec un
pinceau trempé dans la *bouche-de-sang*.

— Et ces petits coquillages bruns pointus ?

— Ce sont les *vignots* et les *bigorneaux*, fort utiles à l'aquarium qu'ils habitent; car ils ont la langue munie de petites
dents très-fortes, qui coupent les herbes fines encombrant le
sol; sans eux, ces herbes ne tarderaient pas à envahir tout
l'espace.

« Mais voici les plus intéressants, en même temps que les
plus connus de tous les mollusques. Il s'agit de ce groupe de
*moules* attachées ensemble et entr'ouvrant leurs coquilles, au
bord desquelles on aperçoit la frange jaune de leur chair.

« La moule est plus intelligente et mieux conformée que
l'huître sa rivale.

« De l'intérieur de sa coquille sort un assemblage de petits
fils qui amarrent la moule très-solidement partout où elle
veut se fixer.

« Les moules, aimant beaucoup vivre en société, attachent
ensemble leurs fils aux corps qu'elles ont choisis, branches
de polypiers, racines d'arbres, piquets de rivage ou carène
des bateaux, et forment ainsi des guirlandes ou *trochets* solidement unis.

« Tu sais qu'on a reproché aux moules d'être une nourriture malsaine et quelquefois dangereuse.

« Elles ne méritent pas ce reproche. Le mal ne vient pas
d'elles; il ne provient que des corps auxquels elles se sont
fixées.

« Ainsi elles peuvent occasionner une sorte d'empoisonne-
ment quand elles ont été recueillies contre la coque d'un

navire doublé de cuivre, laquelle est tapissée d'une couche d'oxyde de cuivre ou de vert-de-gris.

« Certains petits crabes, qu'elle retient parfois entre ses valves, peuvent encore la rendre dangereuse.

« Mais la vraie moule, celle que nous mangeons rarement à Paris, la moule de Charron, de Marsilly et d'Esnande, pêchée aux environs de la Rochelle, sur les *bouchots* (parcs à moules), est d'une chair exquise, agréable, saine et digestive.

— Vois donc cette *huître* qui entr'ouvre doucement sa coquille !

Bouchots.

— C'est le mollusque par excellence, reprit M<sup>lle</sup> Dumay, c'est-à-dire quand on le mange; car il n'y a rien de moins intéressant que l'huître terne et grise, qui naît, vit et meurt sur son rocher.

« Nous avons en France l'*huître verte*, dite de Marennes, l'*huître de Cancale*, et l'*huître d'Ostende* un peu plus large que le pouce.

« Tu sais que maintenant, grâce aux études de nos savants pisciculteurs, on fait produire et on élève les huîtres dans des parcs comme les moules, et qu'elles constituent l'aliment le plus sain et le plus nutritif qui puisse être offert à l'homme.

« On peut en user et abuser; jamais elles ne font mal. Il est impossible de citer un seul cas où les huîtres aient causé même une simple indigestion.

« Mais passons à une espèce plus intéressante pour nous! Je veux parler de la *pintadine* ou *mère perle*, qui produit la nacre et les perles.

— Quelle huître précieuse!

— D'autant plus précieuse qu'elle est amarrée tout au fond de la mer par une sorte de câble très-fort appelé *byssus*, et qu'il faut des peines infinies pour l'aller chercher.

« Heureusement qu'une seule *pintadine* renferme quelquefois plusieurs perles.

— Dans quel pays, ma tante, pêche-t-on ces huîtres-là?

— Les plus importantes pêcheries sont dans le golfe du Bengale, à Ceylan et dans la mer des Indes.

« Des nègres, habiles plongeurs, vont arracher les pintadines du fond de la mer, où elles sont solidement fixées par leur byssus. Si l'on songe que souvent les plongeurs doivent descendre jusqu'à une profondeur de douze mètres, et qu'il n'est guère possible de rester sous l'eau plus de trente secondes, on comprendra combien ce travail est pénible, et combien il abrége rapidement la vie des malheureux plongeurs.

« Il y a des huîtres perlières, qui produisent des perles roses. L'*oreille de mer iris* en donne de vertes. D'autres en produisent de bleues, de grises, enfin de noires. Mais ces dernières sont extrêmement rares.

« Quand, dans l'expédition de Chine, l'armée française s'est emparée du palais d'été de l'empereur, on a trouvé dans son trésor un collier de perles noires. Ce collier a été offert à notre auguste souveraine.

— Cette masse jaunâtre, plantée toute droite sur le haut de ce rocher, n'est-ce pas une *éponge*?

— Oui, vraiment. Elle est facile à reconnaître. L'*éponge* est un polype de formes très-variées, qui se développe aussi bien sur les rochers du fond de la mer que sur les animaux vivant et marchant.

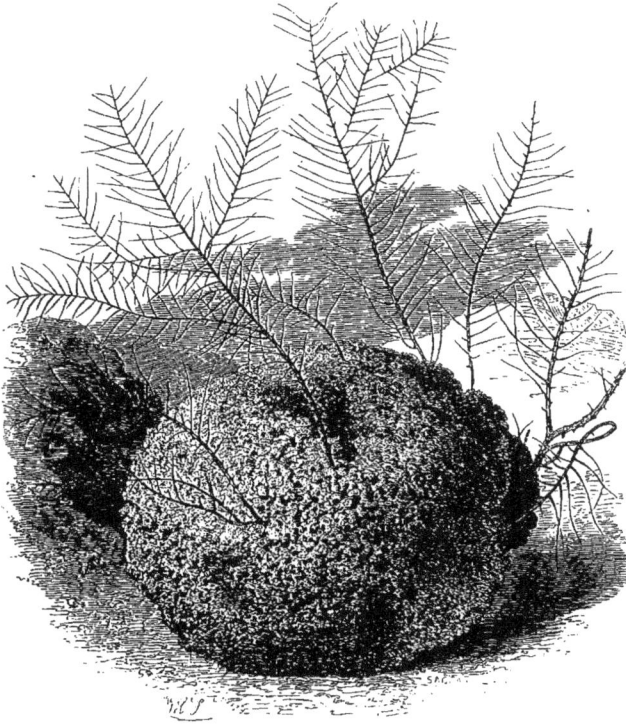

Éponge.

« Croirais-tu qu'il y a plus de trois cents sortes d'éponges ?

« Je ne vais t'en nommer que quelques-unes :

« L'*éponge usuelle*, dont nous nous servons journellement

« La *plume*, l'*éventail*.

— Elles ont de jolis noms.

— Il y a encore la *cloche*, la *corbeille*, le *calice*, la *corne-d'élan*, le *pied-de-lion*, la *patte-d'oie*, la *queue-de-paon*.

— Tu avais bien raison de me dire que leurs formes étaient variées, si chacune d'elles a la forme des objets dont on lui donne le nom.

— Enfin, le *gant-de-Neptune*, une des plus curieuses de toutes.

— Et comment les pêche-t-on?

— On plonge pour les ramasser dans la mer, ou bien on *drague* pour les arracher du sol; mais, dans ce dernier cas, on les déchire. Aussi les éponges plongées sont-elles plus belles et plus chères que les autres qui ne sont que des fragments d'éponge.

Ce réservoir renferme encore des crabes de trois espèces : le crabe *tourteau*, l'*étrille* et l'*enragé*.

« Puis, voici maintenant les *jambonneaux*, mollusques étranges, dont les byssus ou filaments, aux reflets métalliques, peuvent être tissés et composer de jolies étoffes. Les Siciliens et les Calabrais en fabriquent des bas, des gants et un drap soyeux d'un brun doré à reflets verdâtres.

« La plupart de ces mollusques sont cachés sous les rochers; mais, si nous revenions ici dans une heure ou deux, tu serais étonnée de voir l'aspect de ces bacs complétement changé. Tel qu'un panorama mouvant, l'aquarium présente à chaque instant de nouveaux coquillages, des crustacés, des insectes étranges qui sortent du sable ou des rochers sous lesquels ils étaient cachés.

« Ce bac renferme encore les *éolides*, sortes de limaces gélatineuses vivant sur les algues marines, et dont les corps ressemblent à des feuilles de choux frisés; enfin, la famille si fantastique des acéphalopodes, une des plus extraordinaires qu'on puisse voir.

« D'abord, la *sèche officinale,* dont l'arête large et dure, appelée *biscuit de mer,* se donne aux canaris captifs pour
aiguiser leur bec. Les peintres l'emploient pour polir et lustrer
leur peinture. La sèche possède une multitude de bras qu'elle
agite en tous sens, et sécrète une liqueur noire qu'elle lâche
aussitôt qu'elle se voit poursuivie, afin de troubler l'eau pour
fuir plus facilement. C'est, du reste, sa seule défense; car ses

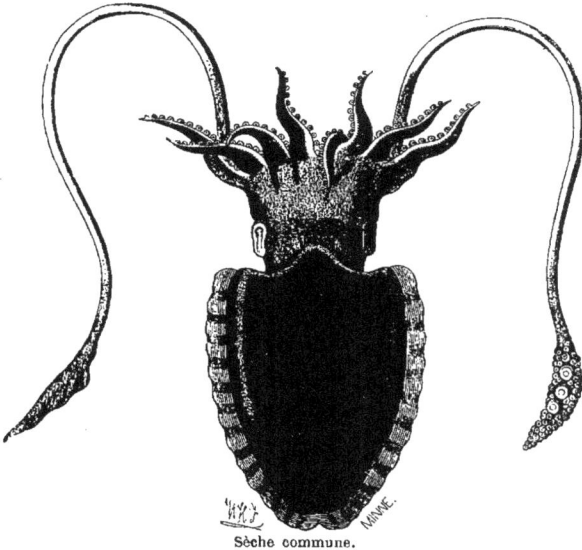

Sèche commune.

bras ne sont pas aussi nombreux ni aussi forts que ceux du
poulpe.

« Ce poulpe présente à peu près l'aspect d'une boule sur-
montée d'un parachute garni de huit grands bras qui s'accrochent et se fixent, grâce à leurs ventouses, à tout ce qu'ils
rencontrent. On cite des nageurs enlacés par des poulpes,
perdant le souffle, l'équilibre, et se noyant misérablement,
entraînés par cet animal étrange.

« Le *calmar* appartient à la même famille, ainsi que la *pieuvre*.

« Passons maintenant aux deux derniers réservoirs qui renferment les poissons de mer.

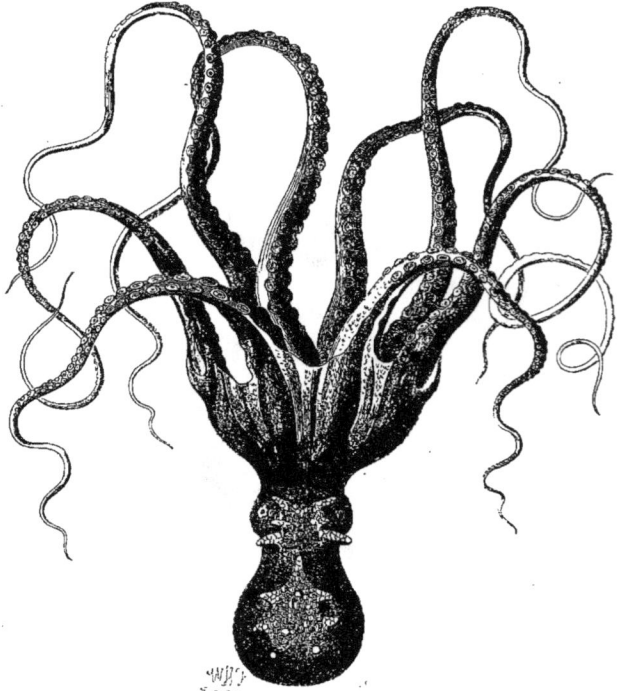

Poulpe commun.

— J'en vois fort peu, dit Jane.

— C'est qu'ils se cachent sous les rochers. D'ailleurs, ils sont très-difficiles à conserver dans les aquaria. Plus que tous les êtres que nous venons de voir, les poissons de mer exigent, pour vivre, une grande abondance d'eau pure, très-aérée, et renouvelée par un courant continuel...

« Et puis, tu le sais, leur voracité est si grande qu'on est obligé d'admettre seulement des espèces qui ne se dévorent pas entre elles.

« Voici la *blennie*, dont les deux nageoires ressemblent à

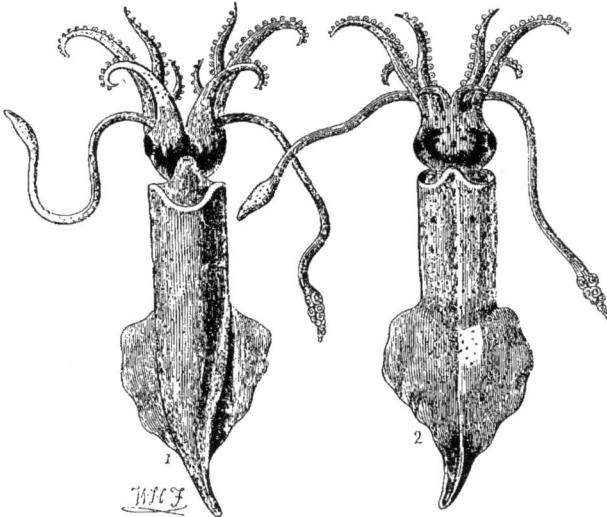

Calmar subulé.

deux longs pieds : elles lui servent à gravir les rochers, et à atteindre la surface de l'eau ; car elle aime à s'exposer à l'air. La blennie est si familière qu'elle vient prendre les aliments que la main de l'homme lui présente.

— Elle ressemble à un reptile... J'aimerais peu lui offrir à manger.

— Elle est pourtant inoffensive... Vois-tu cette sorte de

ruban, couleur chocolat, dont la tête sort de dessous cette pierre, c'est le *murénoïde tacheté*.

« Plus haut, voici le *surmulet*, qui ne se nourrit que d'herbes marines. Il se distingue du *rouget*, avec lequel on le confond à tort, par des raies dorées longitudinales qui s'étendent sur le corps et la queue, ainsi que sur la tête vermillonnée. Sa chair blanche, feuilletée, ferme et agréable au goût, en fait un mets excellent non moins apprécié aujourd'hui chez nous qu'autrefois chez les Romains.

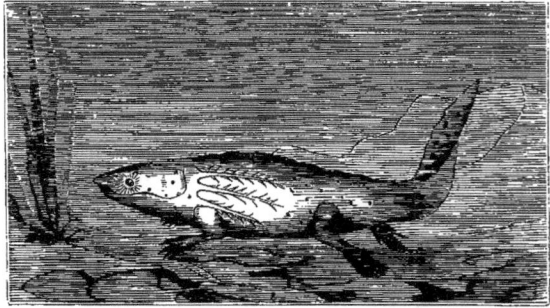

Axolotl du Mexique.

— Et ces poissons plats, comment les nomme-t-on?

— Les *flets*, qui atteignent souvent à des dimensions considérables.

« Tu reconnais bien, là-bas, la *sole* que l'hiver prochain nous ne pourrions pas voir aisément; car, pendant la saison froide, elle a soin de s'enterrer sous le sable, dont elle a tout à fait la couleur, ce qui lui permet d'échapper à ses ennemis.

« Ma chère Jane, en voilà assez pour aujourd'hui; donnons un coup d'œil au vestibule, et partons, car il est cinq heures.

— Déjà! mais c'est impossible!...

— Examine un peu ces étranges animaux qui nagent dans ce petit aquarium de cabinet : ce sont des *axolotls*, espèce de batraciens, rapportés du Mexique par le maréchal Forey.

« Parmi les végétaux que tu vois dans ces petits aquaria d'eau douce, il en est un fort curieux, la *rossolis*, couverte de poils irritants qui donnent la mort aux insectes qui les approchent; bonne aubaine pour messieurs les poissons; et maintenant, partons !

— Nous reviendrons la semaine prochaine? demanda Jane en sortant.

— C'est entendu; nous avons encore bien des choses à voir. »

Jane sourit de plaisir, et monta gaiement en omnibus.

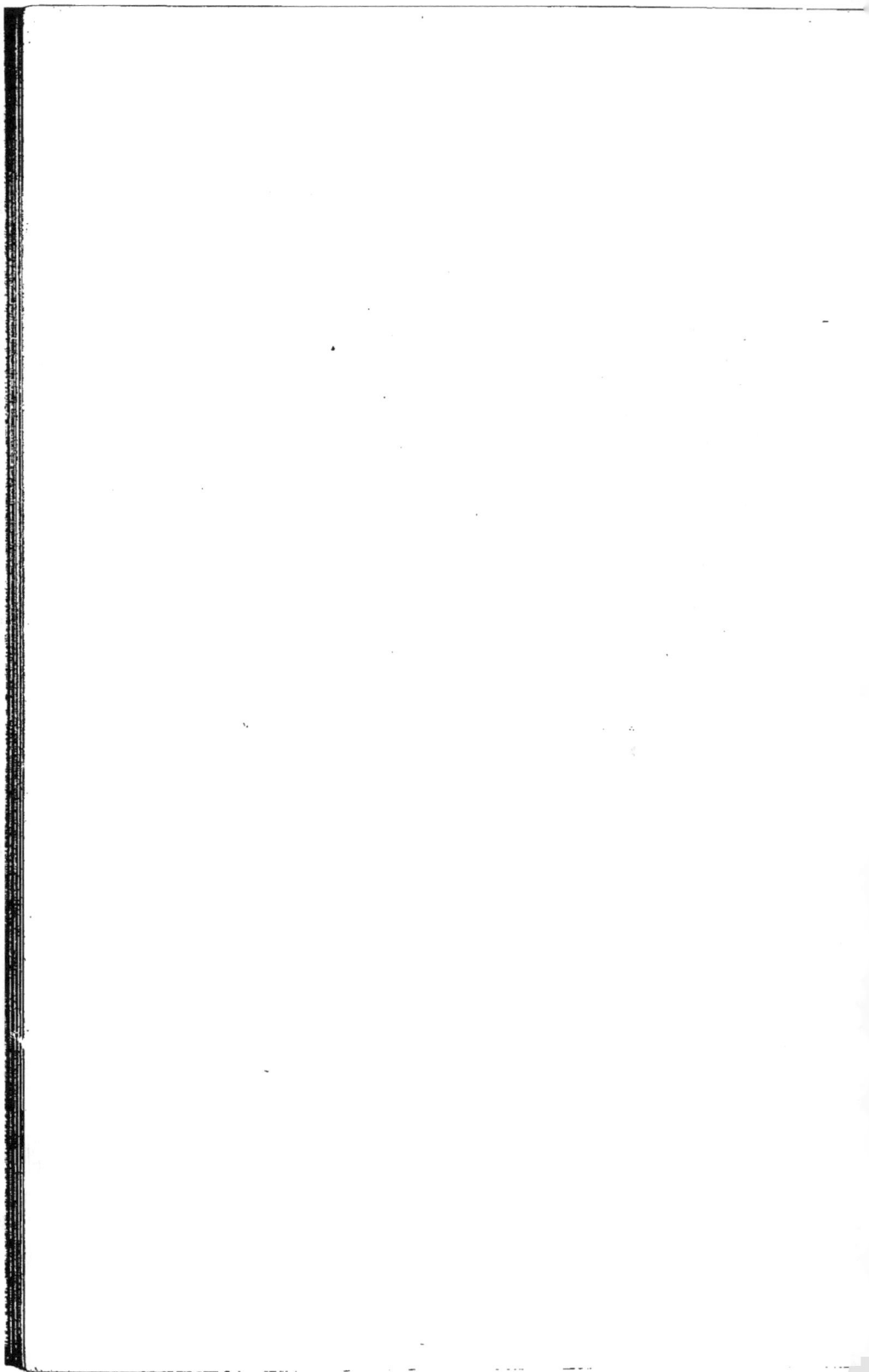

# TROISIÈME VISITE

## LA SERRE. — LE JARDIN D'EXPÉRIENCES

« Et aujourd'hui que visiterez-vous? » demanda M. Dumay
à Jane, qui, le regard brillant et le geste animé, lui faisait
part des singularités du bernard-l'ermite et de l'anémone
de mer.

« Voici ma tante! » s'écria-t-elle au lieu de répondre; et
elle courut vivement au-devant de celle-ci, qui arrivait.

« Aujourd'hui, dit M<sup>lle</sup> Dumay à son frère, tandis que
Jane nouait lestement les brides de son chapeau, nous visi-
tons la serre.

— Eh bien! chère sœur, tu ne feras pas mal d'expliquer,
chemin, faisant à ta nièce ce que c'est qu'une plante; peut-être
seras-tu plus heureuse que moi. Jane n'a jamais pu comprendre le plus petit mot de botanique.

— Oh! papa, fit la jeune fille en rougissant, c'est que dans
ce temps-là j'avais tant d'occupation!...

— C'est que... dans ce temps-là, reprit M. Dumay en imi-
tant le ton de sa fille, on ne se préoccupait que de visiter les
magasins avec de bonnes amies aussi coquettes que désœu-

vrées; tandis que maintenant on commence à comprendre qu'il y a autour de nous des êtres créés par Dieu, mille fois plus intéressants et plus utiles que les inventions des hommes, surtout en fait d'étoffes et de bijoux.

— Grâce à ma bonne tante, ajouta Jane en embrassant celle-ci.

— Vous êtes des flatteurs, murmura M<sup>lle</sup> Dumay toute souriante... Partons vite, chère enfant; et, puisque ton père le désire, je tâcherai, pendant la route, de t'intéresser aux pauvres plantes, qui vivent, souffrent et meurent comme les êtres du règne animal.

— Ainsi, demanda Jane quand elles eurent pris place dans la voiture, ces plantes, ces arbres, ces arbustes que nous allons voir vivent aussi bien que les oiseaux et que les habitants de l'aquarium?

— Oui, ma chère Jane; ils vivent avec moins d'intelligence, c'est-à-dire qu'ils n'aiment pas, qu'ils ne haïssent pas, et qu'ils ne se souviennent pas comme eux; mais ils vivent et manifestent leur besoin d'existence avec une énergie et une ardeur qui éveillent nécessairement la sympathie de l'observateur.

« Il faut absolument à la plante de la terre, de l'air et de la lumière. Pendant tout le temps qu'elle vit, elle les recherche. On sait avec quelle force la plante enfonce ses racines dans la terre, et aussi avec quelle joie et quel triomphe elle élance ses branches vers le ciel, comme pour y chercher de plus près ce soleil et cet air nécessaires à son existence.

« Si tu n'as pas remarqué ces faits de la vie des plantes, il est au moins mille circonstances qui auraient dû te faire réfléchir.

— Papa m'a dit que mon rosier était mort parce qu'il avait manqué tout l'hiver d'air, d'eau et de soleil... J'avais oublié

6

de l'arroser et de l'exposer à la fenêtre pendant les belles jour-
nées.

— Donc il vivait, ce rosier! et il a dû souffrir en dépé-
rissant!

— Tu crois? demanda Jane en souriant d'un air incrédule.

— J'en suis sûre. Écoute le récit d'un petit drame de la vie
végétale, que je lisais l'autre jour dans un volume de M. Gri-
mard, un heureux botaniste, qui s'est appliqué avec amour
à l'étude des plantes, et nous a traduit ses impressions avec
le lyrisme d'un poëte.

« Sur des ruines croissait un érable, au milieu d'un vieux
mur. Là, loin du sol au-dessus duquel le monceau de pierres
s'élevait encore de quelques pieds, le pauvre érable mourait
de faim : faim de Tantale, puisque au pied même du mur aride
s'étendait la bonne et nourrissante terre.

« Qui dira les sourds tressaillements de la plante qui lutte
contre la mort, ses tortures silencieuses et ses muettes lan-
gueurs, galvanisées par la convoitise?...

« Qui saura raconter ce qui se passa dans l'organisme de ce
pauvre martyr?

« Quelles attractions s'établirent, quelles facultés s'aigui-
sèrent, quelles impérieuses lois se révélèrent?

« Toujours est-il que l'érable, — érable énergique et aven-
tureux s'il en fut, — voulant vivre à tout prix, et ne pouvant
attirer la terre à lui, marcha, lui l'immobile, l'enchaîné, vers
cette terre lointaine, objet de ses ardents désirs..

— Il marcha?... s'écria Jane.

— Il marcha, non ; mais il s'étira, s'allongea, tendit un
bras désespéré. Une racine, improvisée pour la circonstance,
fut émise, poussée au grand air, envoyée en reconnaissance,
dirigée vers le sol... qu'elle atteignit.

« Avec quelle ivresse elle s'y enfonça!

— Pauvre érable! murmura la jeune fille avec un soupir de soulagement.

— L'arbre était sauvé désormais. Nourri par cette racine nouvelle, il se déplaça, laissa mourir celles qui vainement plongeaient dans les décombres arides ; puis, se redressant peu à peu, il quitta les pierres du vieux mur, et vécut sur l'organe libérateur, qui bientôt se transforma en un tronc véritable.

— Oh! ma tante, s'écria Jane ravie, voilà une histoire qui me fait entrevoir la vie des plantes sous un jour tout à fait nouveau.

— Il faut à la plante non-seulement de la terre fraîche et saine, mais encore de l'air et de la lumière. As-tu remarqué quelquefois des pommes de terre mises en réserve dans une cave? Tu as dû voir alors un germe blanc et neuf qu'elles poussent de tout leur pouvoir *vers le point lumineux du soupirail.*

« Une plante, enfermée ou cachée par une boîte ou une vieille planche pourrie, fera des efforts inouïs pour s'élancer par la moindre ouverture qui lui rendra l'air et la lumière.

« Je connais un jasmin entêté qui traversa huit fois une planche trouée qui le séparait de la lumière, et qu'un observateur malicieux retournait vers l'obscurité après chaque victoire.

— Le plus adroit des deux n'était pas celui qu'on pense, observa Jane en souriant.

— La plante respire, boit et mange, par des procédés différents, mais tout aussi bien que les êtres du règne animal. Elle croît, elle languit, elle souffre, elle meurt enfin... comme ton malheureux rosier, que tu as condamné à périr, avec une cruauté qui n'a d'égale que ta négligence.

« La plante s'endort le soir et se réveille le matin : on a fait à ce sujet des observations très-curieuses. Il y a, par exemple, des plantes rapportées de la Nouvelle-Hollande qui, arrivées chez nous dans nos serres, ont continué à vivre selon les usages de leur pays natal : ainsi elles dorment pendant le jour, parce que le jour de nos contrées est la nuit des leurs ; et elles fleurissent en hiver, parce que notre hiver est l'été de leur pays.

« Certaines plantes indiquent le beau ou le mauvais temps : tel, par exemple, le mouron que tu donnes tous les matins à ton petit canari. Tu n'y as jamais fait attention ; mais il est certain que les petites fleurs blanches du mouron s'épanouissent, ou, pour mieux dire, se réveillent d'ordinaire le matin, et restent ainsi jusqu'à midi. Mais s'il doit pleuvoir dans la journée, elles ne se réveillent pas du tout.

— Ainsi mon petit blondin mange un baromètre vivant sans qu'il s'en doute...

— C'est la loi de la nature : chaque être en mange un autre pour être mangé à son tour.

« Tu sais bien aussi qu'il existe des plantes douées d'une sensibilité très-grande ?

— Oui ; la sensitive, par exemple.

— Il en est qui se meuvent d'une façon brusque.

« La *dionée attrape-mouche* prend les insectes qui viennent se poser sur elle ; la *rossolis* referme sa feuille rapidement sur chaque mouche imprudente qui s'y aventure ; le *nepenthès* de Madagascar ouvre pendant la nuit son calice, semblable à une urne, pour recevoir l'eau du ciel, qu'elle conserve limpide et potable pour les voyageurs altérés ; et même, pour plus de précaution, cette urne est garnie, à son extrémité supérieure, d'un petit couvercle à charnière qui s'élève ou s'abaisse suivant qu'il est nécessaire de faire de l'eau, ou de préserver de l'évaporation la provision faite.

« Les graines de l'arbre à flèches du Mexique sont aussi très-curieuses. Lorsqu'on les pose à terre ou sur une feuille de papier, elles se meuvent d'abord lentement, puis elles s'agitent bientôt en tous sens, et entrent enfin dans une danse si désordonnée, qu'on dirait de grosses puces sautant sur une plaque de fer chaud.

« L'arbre qui produit ces graines est lui-même une curiosité. Ses feuilles contiennent un poison violent. Les Indiens y trempent leurs flèches, dont la moindre piqûre devient alors mortelle. Autre étrangeté : l'homme blessé par une de ces flèches empoisonnées est pris subitement des mêmes contorsions que les graines dont je parlais tout à l'heure : il saute, il bondit comme s'il était soumis à un courant galvanique, et meurt dans l'espace de cinquante à soixante minutes.

— Ah ! c'est épouvantable !... Voilà un vilain arbre qui ne sert qu'à faire du mal.

— Pas tout à fait ; car il est à croire que les Indiens se

servent encore plus de leurs flèches pour détruire les bêtes féroces et malfaisantes que pour tuer leurs semblables.

— Est-ce que nous verrons ces plantes au Jardin d'acclimatation? demanda Jane.

— Quelques-unes; mais nous en verrons bien d'autres qui sont aussi intéressantes. J'en reviens encore à l'attraction irrésistible qui les pousse continuellement vers la terre et vers la lumière. Croirais-tu qu'on a vu des racines, minces comme un fil, aller chercher à une profondeur considérable l'humidité et la terre nourricière, en traversant des couches épaisses de terre durcie, de calcaire et même de lave, ou bien en s'introduisant dans les joints de pierres qu'elles ont fait éclater, mieux que ne l'eussent fait de puissantes tiges de fer. La racine allant à la recherche de sa nourriture, renverse, supprime, brise tous les obstacles.

« Duhamel raconte que, voulant garantir un champ de bonne terre des racines voraces d'une rangée d'ormes qui l'épuisaient, il les fit couper toutes en pratiquant une tranchée profonde le long de ces arbres. Précaution superflue. Une armée de racines nouvelles s'élança, se mit en marche, arriva à la tranchée, descendit, ne pouvant traverser le vide, passa sous le fossé, remonta de l'autre côté de l'obstacle et envahit de nouveau ce champ qu'on avait espéré mettre pour toujours à l'abri de ces indestructibles maraudeuses.

— C'est merveilleux!

— Oui, mais ces racines ne faisaient là rien que de très-naturel : il leur fallait vivre dans la terre saine et fraîche, et elles allaient la chercher.

« A l'époque de la floraison, il se passe chez les plantes un phénomène qui semble n'être plus du domaine du végétal, quelque chose qui les rapproche de l'animal. On cite, par exemple, l'*arum* d'Italie, dont la fleur est enveloppée d'une feuille enroulée en cornet, qui, à ce moment, acquiert un développement de chaleur considérable.

« La mère du naturaliste Hubert, qui était aveugle, voulant un jour se rendre compte de la forme de cette fleur singulière dont lui avait parlé son fils, descend dans son jardin, à l'endroit qui lui a été désigné, va tâtonnant.

Arum d'Éthiopie.

arrive à la plante, croit la reconnaître et la saisit ; mais elle pousse un cri... la fleur était brûlante. M. Hubert, bien vite averti du prodige, fit de nombreuses expériences, et il constata que la température de cet arum s'élève jusqu'à 44 degrés centigrades, tandis que l'air environnant n'en révèle qu'une vingtaine.

« Cette chaleur arrive périodiquement comme des accès

de fièvre quotidienne intermittente, retardant chaque fois sur les jours précédents. Le maximum de température est de 28 degrés au-dessus de celle de l'air ambiant.

« Le même phénomène se manifeste chez le *colocasia* (arum d'Amérique), et la *Victoria regia*.

Victoria regia.

« Il y a plus encore : quelques plantes, telles que la capucine, le souci, le *rhizomorpha*, les champignons de la Nouvelle-Zélande, produisent plus ou moins de lueurs phosphorescentes.

« Mais nous voici arrivées. »

Quand elles entrèrent dans la serre, elles furent agréablement saisies par la fraîcheur humide et mystérieuse qui montait d'un large ruisseau, fleuve en miniature, à l'eau pure et limpide, tout semé de larges nénuphars paresseusement couchés, d'arums élégants, de nymphéas et de roseaux élancés.

Une multitude innombrable de poissons rouges et blancs nageaient en tous sens, presque à fleur d'eau, et venaient jusque sur la rive gazonnée chercher les miettes de pain que Jane leur jetait. Un tapis d'herbe exotique, fine et découpée en petites dents, — tapis si épais et si velouté qu'on ne voit pas un petit point de terre, — semblait rendre encore cette fraîcheur plus délicieuse.

L'œil se reposait avec ravissement sur d'énormes camellias, aussi gros que de gros pommiers, couverts de milliers de fleurs pourpre, rosées et blanches.

Avant d'examiner les hauts arbres, les plantes grimpantes, les arbustes minces et flexibles qui s'élançaient et montaient jusqu'à la toiture de verre, nos deux promeneuses traversèrent le petit pont rustique et s'avancèrent jusqu'à la grotte, sur les pierres basses de laquelle venait mourir l'eau tranquille du ruisseau.

Sous cette grotte tapissée de bégonias aux tons rougeâtres, de fougères variées et de seneçons étrangers d'un vert brillant, se trouve taillé de chaque côté un escalier qui conduit sur la plate-forme.

« Montons, dit M^{lle} Dumay ; car de là nous pourrons embrasser l'aspect général de la serre, et je t'en montrerai les arbres principaux. Vois tout d'abord ces deux magnifiques *araucaria* du Brésil qui dominent l'ensemble.

— Ils sont tellement droits, dit Jane, que, sans leur chevelure de verdure, on pourrait les prendre pour des colonnes.

— Plus loin, tu vois le *bananier ensete*, dont les larges
feuilles ont une longueur de plus d'un mètre ; puis ces hauts
arbres grêles, élégants, qui te représentent presque toute la variété des acacias de l'Australie, depuis l'acacia gommifère, dont

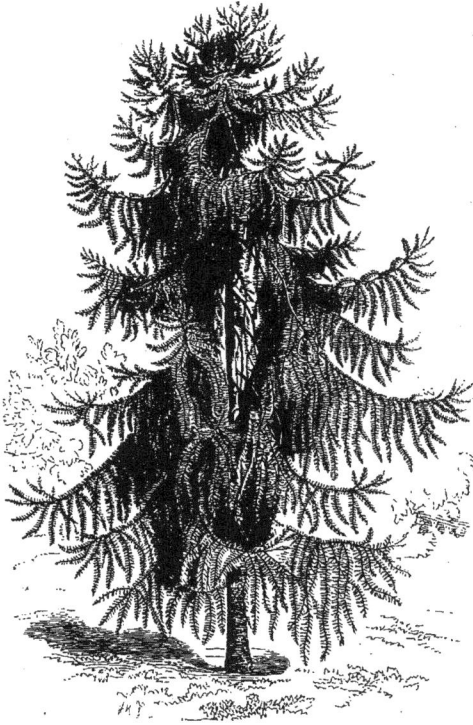

Araucaria.

le tronc incisé par l'Australien laisse découler la gomme ara-
bique, jusqu'à l'acacia-piment qui donne un fruit de conserve.
Tu peux voir encore, parmi les plus hauts arbres, un superbe
*dragonnier*... Mais descendons ; nous l'examinerons de plus

près, ainsi que deux autres de la même famille, quoique de différente origine.

— Avant de descendre, fit Jane, je te demanderai, ma chère tante, quel est ce singulier arbuste aux longues feuilles étroites sur lesquelles des visiteurs ont écrit leurs noms?

Lin de la Nouvelle-Zélande.

— C'est le *lin de la Nouvelle-Zélande*, un arbuste vivace et fort qui, dans les pays dont il est originaire, atteint des dimensions considérables. Les Zélandais tirent de ses feuilles un lin fort abondant et souple qui leur sert à se vêtir et à faire leurs filets.

« La Providence, qui donne la plume à l'oiseau et la laine à la brebis, n'a pas oublié les malheureux habitants de ce pays.

« Puisque nous parlons de la Nouvelle-Zélande, allons

voir le chef-d'œuvre de la nature zélandaise, l'*abiétacée-Damarine*.

— Cette superbe colonne?...

— Qui atteint là-bas jusqu'à cent pieds de hauteur. Aussi cet arbre est-il une véritable richesse pour le pays. Les constructions et la marine en font un emploi avantageux.

« La Nouvelle-Zélande est le pays des fougères, qui forment le tapis végétal de l'île. Il y en a de toutes sortes. Tiens, en voici justement, là, sur le bord du ruisseau. Penche-toi un peu... tu verras la *fougère naine,* et plus loin l'*arborescente* qui se donne des allures d'arbre.

— Et les dragonniers que nous avons vus d'en haut, ne les oublions pas, ma tante.

— Tu ne veux rien perdre de la visite, reprit la tante en souriant. Voici les trois dragonniers en question : un de la Nouvelle-Zélande, un de l'Australie, et l'autre de la Nouvelle-Hollande, donné par M. Drouin de Lhuys. Comme tu peux le constater, il y en a de plusieurs espèces. Quelques-uns deviennent énormes.

« Le dragonnier laisse découler de son tronc une liqueur rouge que l'on emploie dans le commerce. Les Chinois en font entrer une certaine quantité dans la confection de leur fameux vernis, appelé laque de Chine. Nous l'employons, nous, dans la droguerie. Les anciens croyaient que ce suc rouge qu'ils appelaient sang de dragon, était celui du monstre qui gardait l'entrée du jardin des Hespérides : tu as dû voir cela quand tu étudiais la mythologie... Continuons notre promenade.

— D'où vient cette forte odeur de fleur d'oranger?

— Retourne-toi, et regarde cette belle plante à longues feuilles lisses.

— Quelle admirable fleur! s'écria Jane; on dirait une quenouille d'or ornée de fils de soie pourpre.

— C'est le *grandasuli* des Indes. L'Inde, le plus riche et le plus beau pays du monde, ne peut produire que de semblables fleurs.

« Représente-toi les lophophores resplendissants que nous avons vus dans la volière, voltigeant par troupes au-dessus de ces splendides arbustes qui sont groupés en bosquets touffus et odorants dans les forêts de l'Inde.

— Quel beau pays! et quel contraste avec le nôtre!

— Enfant que tu es! Sous les bosquets du grandasuli, sur ce sol verdoyant et splendide, où l'herbe dépasse en hauteur la tête de l'homme, n'y a-t-il pas le serpent qui rampe, et le tigre féroce qui se cache? Près des eaux bleues du fleuve, dans lequel se reflètent les nuages de pourpre du ciel indien, le terrible crocodile se blottit, attendant sa proie, sous les nénuphars d'or.

« Promène-toi dans le sillon des blés jaunes de la France, parmi les épis pressés qui bientôt se convertiront en pain nourrissant et en gâteaux dorés; cours dans les foins, dans les prés, dans les bois; tu pourras sans crainte y cueillir les coquelicots, les pâquerettes, les bluets, les mûres sauvages et les noisettes : aucun animal malfaisant, aucune bête immonde ne viendra troubler tes plaisirs champêtres. Va, ma Jane, plus tu considèreras les choses de la création, mieux tu comprendras la sagesse infinie de Dieu qui a présidé à tout.

« Asseyons-nous un peu sur ce banc; car, en sortant de la serre, nous irons au Jardin d'expériences qui est à deux pas.

— Quel est ce bel arbre si élancé?

— C'est un *érable à sucre,* qui vient de l'Amérique septentrionale.

« Comme pour le dragonnier, on incise son tronc, et il en découle, non pas du vernis ou de la teinture rouge, mais un sirop épais qui se cristallise aussitôt et donne un sucre excellent. Les habitants du pays n'en emploient pas d'autre. Son bois est aussi très-précieux pour l'industrie des meubles.

— Voilà un arbre meilleur que l'arbre à flèche.

— D'autant meilleur, qu'il peut s'acclimater parfaitement dans nos forêts de France, d'après les expériences tentées par le Jardin d'acclimatation.

« Combien la France serait plus riche et plus productive si l'on parvenait à acclimater certains arbres, certaines plantes, certains animaux qui ne se trouvent que dans les pays éloignés dont ils font la richesse! On a réussi pour quelques-uns d'entre eux, et je suis certaine qu'on réussira pour beaucoup d'autres.

« Je lisais, il y a quelques jours, que dans les forêts de la Guinée anglaise, en Afrique, il existe un arbre vraiment merveilleux qu'on appelle l'arbre-vache, parce qu'il produit du lait. C'est une sorte de figuier dont on fend l'écorce à une certaine profondeur pour obtenir le précieux breuvage.

« Des voyageurs racontent qu'ayant abattu un tronc de ce figuier sur le bord d'une rivière, le suc laiteux qui en découla fut si abondant, malgré le peu de grosseur de l'arbre, qu'il rendit les eaux de la rivière toutes blanches pendant plus d'une heure.

— Et c'est aussi bon que notre lait?...

— Tout aussi bon. Ce suc possède les mêmes qualités rafraîchissantes; il est même plus nourrissant, et exhale une odeur fort agréable. Note bien que ce figuier croît dans le même pays que le caféier, de sorte qu'on peut prendre du café au lait... végétal, dans les forêts de l'Afrique du Nord.

« Il ne manque plus que la racine à sucre... pour sucrer ce café, et elle existe.

— Tu veux parler de la canne à sucre?...

— Oui, et aussi du sorgho, qui est un arbre du nord de la

Chine. Les habitants du pays le cultivent simplement pour obtenir du sucre, comme on cultive la canne à sucre.

« Le sorgho donne aussi une boisson fermentée fort agréable, ayant un peu le goût du cidre. Les tiges sont remplies d'une moelle verte très-sucrée.

« Le docteur Sicard, de Marseille, aurait, paraît-il, découvert une troisième richesse dans la plante fourragère du sorgho, dont tous les animaux sont très-friands.

« La graine fournit une matière colorante d'un beau rouge de carmin qui paraît très-solide, et qu'on pourrait fort bien employer dans l'industrie de la teinture.

« Un autre savant affirme que ces mêmes graines, traitées autrement, produisent une matière colorante dont on pourrait faire une belle teinture jaune. Enfin, des expérimentateurs affirment qu'avec l'écorce de la tige du sorgho, dont on extrait le sucre, on peut obtenir un papier très-apte à être employé par la lithographie.

« Quoi qu'il en soit de ces diverses opérations, qui feraient du sorgho une plante exceptionnelle par ses nombreuses applications, je connais un fabricant de parfumeries qui mélange le suc rafraîchissant et agréable de la moelle verte du sorgho à tous les produits de sa fabrication : tels que savons, pommades, eaux de toilette. Ces cosmétiques sont réputés hygiéniques et adoucissants.

— J'espère bien, fit Jane, que les agriculteurs français vont s'empresser de cultiver le sorgho.

— Je le crois ; les graines de sorgho que M. de Montigny a envoyées de Chang-Haï, ont réussi dans plusieurs contrées.

— Quel merveilleux pays que cette Afrique septentrionale dont tu parlais tout à l'heure, fit Jane, qui depuis un instant semblait plongée dans de profondes réflexions.

— Ne t'enthousiasme pas tant, et songe que pour arriver à

ces forêts si luxuriantes de végétation, le voyageur doit traverser des déserts affreux; le Sahara, par exemple, image de
la mort et de la désolation, où l'on ne trouve que du sable
flamboyant sous un soleil torride, où la moindre fourmi
vivante est un événement.

« Allons, quittons cette serre parfumée et fleurie, qui ne
ne ressemble en rien aux déserts du Sahara, et continuons
notre promenade. »

M^lle Dumay et sa nièce s'engagèrent à travers deux autres
petites serres si remplies d'arbustes épanouis et de fleurs odo-
rantes, que Jane ne pouvait se décider à en sortir.

Un bruyant ramage d'oiseaux la fit s'avancer vers la sortie,
et elle aperçut l'entrée d'une autre serre sur la porte de
laquelle elle lut cette inscription :

### SERRE DES OISEAUX.

Elle se retourna d'un air interrogateur vers M^lle Dumay.

« Entrons, dit celle-ci; si je ne me trompe, c'est là que
nous verrons une des curiosités les plus extraordinaires du
Jardin d'acclimatation. »

Et, voyant que Jane allait lui adresser questions sur questions, elle ajouta :

« C'est là que se trouvent les *mouches-feuilles,* arrivées des
îles Seychelles depuis deux mois seulement.

— Les mouches-feuilles? » répéta Jane en pénétrant dans
la petite serre sur les pas de sa tante.

M^lle Dumay se dirigea vers une petite cabane treillagée de
fil de fer, et assez élevée pour qu'une personne en puisse considérer à l'aise l'intérieur.

« Vois-tu, dit-elle à Jane qui se penchait curieusement au-

7

dessus de son épaule, ces feuillages fichés dans la terre? ce sont des branches du *goyavier*, un arbre d'Amérique qui produit un fruit délicieux, la goyave. Regarde à terre cette feuille tombée : c'est une mouche.

— Une mouche! cette feuille? s'écria Jane d'un air d'incrédulité.

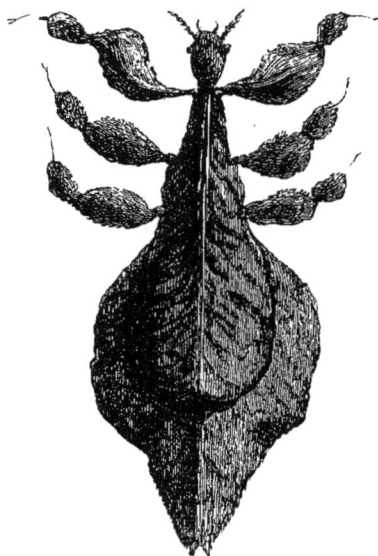

Mouche-feuille femelle.                    Mouche-feuille mâle.

— Certainement; et ici, suspendue à cette feuille par les pattes, c'est encore une mouche.

— Ma tante, je t'assure que je ne vois que des feuilles toutes semblables.

— Ce n'est pas étonnant, dit la tante en tirant de son petit sac une lorgnette à verres grossissants; ces singuliers insectes ressemblent parfaitement aux feuilles du goyavier, sur lequel

elles naissent, vivent et meurent... Mais tiens! avec ma lorgnette tu les distingueras mieux.

« Remarque bien que la mouche est de la même grandeur
que la feuille, presque plate comme elle. Sa tête, pas plus
grosse qu'un pois ordinaire, se trouve à l'extrémité la plus
épaisse, celle par où d'ordinaire une feuille tient à la
branche.

— C'est incroyable! disait Jane en regardant avec attention; le dessus de la mouche présente toutes les nervures
d'une feuille.

— Et les bords en sont légèrement dentelés et brunis...

— J'aperçois maintenant d'une façon très-distincte les deux
yeux et les antennes.

— Qui sont fort courtes, et d'une couleur rousse. Les quatre
pattes de l'insecte ne sont pas moins extraordinaires : elles
ressemblent, à s'y méprendre, à de petites feuilles naissantes,
et sont terminées par des griffes, ou plutôt par des expan-
sions foliacées, au moyen desquelles elles se suspendent aux
branches.

« Les ailes, qui se sont déjà développées sur l'une d'elles,
ressemblent aussi à une feuille de l'arbre nouvellement épa-
nouie et encore un peu froissée. La ressemblance est si parfaite, que les observateurs les plus attentifs ont peine à distinguer l'animal du végétal.

« Dans le pays dont elles sont originaires, il s'en trouve sur
les goyaviers presque autant que de feuilles. Ces insectes sont
très-sobres, et cependant ils appartiennent à la famille des
sauterelles, les plus grandes mangeuses de la création.

« Pour achever leur histoire, j'ajouterai que les mouches-
feuilles ont été apportées en France, des îles Seychelles, par
M. Berthelin, agent des postes, qui les a soignées, durant le
voyage, avec autant de sollicitude que Bernard de Jussieu en

avait mis jadis à conserver vivant le fameux cèdre du Liban, devenu le plus bel arbre du Jardin des Plantes. C'est M. Vandal, conseiller d'État, directeur général des postes, qui a donné au Jardin d'acclimatation les trois spécimens de mouches-feuilles rapportés par M. Berthelin.

« Une fois seulement un de ces insectes avait été apporté en Angleterre, et y a vécu assez longtemps. »

M$^{lle}$ Dumay et sa nièce firent ensuite le tour de la petite serre, en donnant quelques instants d'admiration aux oiseaux rares et étrangers qui se jouaient au milieu des fleurs et de la verdure; puis elles sortirent, et se dirigèrent vers le Jardin d'expériences, au centre duquel s'élève un joli pavillon couvert, dont la porte toute grande ouverte semble inviter les promeneurs à se reposer sur les siéges rustiques qui ornent l'intérieur.

Ce jardin est divisé en une multitude de carrés, de triangles et d'ovales, autour desquels courent d'étroites allées qui permettent au visiteur d'étudier les plantes, les arbustes et les jeunes arbres de diverses parties du monde, sur l'acclimatation desquels on expérimente.

« Il y a ici, dit M$^{lle}$ Dumay en s'arrêtant, des plantes fort remarquables, et surtout fort précieuses pour l'agriculture. Ainsi, par exemple, cette plante des Indes que tu vois là, possède de fortes racines qui produisent du sucre, de l'alcool et de la potasse. Elle se nomme la poire de terre. Elle a tellement bien réussi au Jardin et dans les diverses contrées de la France où l'on en fait l'essai, que l'agriculture s'occupe sérieusement de la propager.

« Tu conçois, ma chère enfant, de quelles plantes précieuses la Société d'acclimatation dotera un jour notre pays !

« Voici maintenant toute la variété des pommes de terre exotiques : seize espèces différentes, rien que cela ! Américaines, australiennes, péruviennes... Elles offrent sur les nôtres cet avantage, que jusqu'à présent elles ont été tout à fait exemptes de maladie.

« Cette grande plante, un peu plus loin, est l'*igname* de la Chine, excellente racine alimentaire qui s'accommode comme la pomme de terre, et d'une qualité bien supérieure.

— Ma tante, dit Jane en riant, cela me donne envie d'en goûter !

— Cela viendra plus tôt que tu ne penses ; car, tu le vois, ces végétaux alimentaires sont forts et vigoureux, et les agriculteurs intelligents commencent à en demander des racines pour la propagation. Dieu merci ! nous ne sommes plus au temps de Parmentier, qui eut tant de peine à faire adopter la pomme de terre. Maintenant, plus éclairés et plus instruits, nous sommes ennemis de l'aveugle routine, et nous accueillons volontiers les choses nouvelles qui peuvent nous être utiles.

« Parmi les végétaux précieux originaires de la Chine que l'on cherche à acclimater en France, figurent le *ma oléagineux*, dont les grains pressurés donnent une huile excellente ;

« Le *ma légumineux*, plante alimentaire fournissant de grosses graines abondantes et serrées, d'un goût fin et savoureux ;

« Enfin le *ta-ma*, ou grand chanvre, admirable plante, haute de six à huit pieds, aux superbes fleurs jaunes. Les graines du ta-ma se mangent aussi, et sont même fort hygiéniques ; les Chinois l'emploient en pharmacie comme nous employons l'eau de riz. Les feuilles longues et crénelées du ta-ma produisent de magnifiques filaments, utilisés pour les

cordages. Une particularité remarquable qui ajoute un mérite de plus à cette plante, c'est que sa culture engraisse le
sol, si bien que l'année d'après on peut semer du blé dans le
même terrain.

« Voici, de ce côté, un gros pied de cerfeuil (*cerfeuil bul-
beux*), dont les bulbes alimentaires sont plus délicates que
l'igname de Chine ;

« Puis la *tomate à tige roide*, préférable à nos tomates de
France. Non-seulement elle n'a pas besoin de tuteurs ; mais
encore elle donne un fruit deux fois plus gros et plus charnu
en même temps.

« Ceci, ma chère friande, te représente la *courge musquée*
d'Afrique, dont la chair, d'un rose saumoné, est aussi délicate
que celle du melon.

— L'eau m'en vient à la bouche, fit Jane. Mais quelle est
cette jolie plante aux feuilles blanches en dessous ?

— C'est l'*ortie cotonneuse* de la Chine, accueillie dans nos
jardins à cause du bon effet qu'elle produit à l'œil. Du reste,
ses tiges fournissent une abondante filasse dont on fait des
toiles : elle est fort utilisée dans l'ouest de la France.

« Voici les épinards de MM. les Zélandais. Plus favorisés
que nous, ils ont dans la *tétragonie étalée* (c'est le nom de
cette plante) des épinards qui ne montent pas en graine et
qui produisent d'autant plus que la chaleur est plus forte.

« Te douterais-tu que cette grande plante vivace, ici, à
gauche, est une source de fortune pour certains fabricants
dont tu vois partout les boîtes de poudre insecticide et les
petits soufflets ?

— Comment cela ? fit Jane étonnée.

— C'est que les fleurs desséchées de cette plante, qui a
nom *pyrèthre du Caucase*, procurent la meilleure poudre pour
détruire ces vilains insectes si incommodes et si nombreux

dans la plupart des maisons de Paris. Les Vicat et les Burnichon en font usage pour fabriquer la poudre qu'ils nous vendent.

« Tu vois que chaque plante expérimentée a son utilité quelconque souvent doublée et même triplée.

« Cet arbrisseau de la Chine, introduit seulement depuis quelques années en France, où il prospère parfaitement, produit une admirable couleur verte appelée *Lo-Kao* par les Chinois, et simplement « vert de Chine » par nous. Cette couleur est si belle et si solide qu'elle est inaltérable à l'air et à la lumière. De là le nom donné à cet arbrisseau de *nerprun à teinture*. Il existe une autre espèce de nerprun employée dans la composition de la poudre à canon.

« Est-ce tout? Oui, je crois que nous avons vu les plantes les plus importantes. Entrons un instant dans ce petit pavillon, si frais et si confortable, et nous nous préparerons au départ, tout en causant de quelques arbres remarquables.

— Cette visite a été bien courte! fit Jane d'un ton de regret.

— La prochaine sera plus longue; car il s'agira d'observer tous les animaux, mammifères, rongeurs et ruminants que le Jardin renferme. Je crois même qu'il faudra leur faire deux visites; ils sont extrêmement intéressants, et le Jardin vient de s'enrichir de plusieurs espèces rares.

— Quel bonheur! fit Jane; alors, asseyons-nous dans ces fauteuils en bambous, et raconte-moi ce que tu sais d'intéressant sur les arbres.

— Sans aller bien loin, regarde un peu les siéges sur lesquels nous sommes assises : ils sont confortables, légers, solides et d'une fraîcheur nullement à dédaigner en été. Les bambous proviennent des jongles indiennes. Les habitants de l'Inde forment autour de leurs propriétés des haies colos-

sales autrement protectrices que nos haies d'aubépine et de
sureau. Les bambous ainsi plantés, à tiges serrées et élancées,
produisent, lorsque le vent les agite, un bruit effrayant en
se heurtant les uns contre les autres; quelquefois même,
quand le vent est très-violent, le frottement peut suffire à
les enflammer.

Le bambou.

« Parmi les variétés de bambou, le bambou comestible
de la Malaisie, appelé *bouton*, mérite une mention particulière. C'est une plante fort précieuse en Australie, et qui
pourra devenir une richesse pour l'Algérie, dont le climat

chaud et le sol fécond permettent la naturalisation d'une quantité de plantes qui ne sauraient vivre en France.

« Ce bambou atteint de très-hautes proportions. Il fournit en même temps du bois, un abri contre le vent, et un excellent légume. Ce sont les jeunes pousses qui forment ce légume. On les coupe quand elles ont trente centimètres de hauteur ; puis on les épluche, et on les fait blanchir à l'eau bouillante. Les Malais conservent dans la saumure pendant six mois ce légume, qui devient ensuite un très-bon condiment.

« Maintenant regarde de ce côté... Connais-tu cet arbre ?

— C'est un palmier ; arbre élancé, élégant, qui porte coquettement sur sa tête son panache étalé.

— La famille des palmiers est fort nombreuse en Asie et en Afrique. Nous n'en avons en France qu'une espèce qui s'y acclimate facilement, le palmier ordinaire dit « à palmes », celui dont les branches triomphales étaient portées au-devant de Jésus et jetées sous ses pas.

« En Afrique les nègres connaissent bien le *palmier-chou*, ou *chou palmiste*, d'une hauteur démesurée et qui n'a à son extrémité qu'un bouquet de feuilles très-serrées. Ce bouquet est un chou énorme, de la qualité la plus délicate et la plus savoureuse. Les nègres sont souvent obligés d'abattre l'arbre

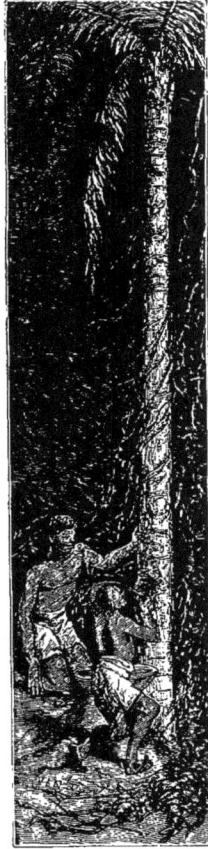

pour avoir le chou qu'ils cuisent sous la cendre, se préparant ainsi un mets délicieux...

— N'est-il pas dommage d'abattre un si bel arbre pour manger un chou! interrompit Jane en souriant.

Arbre à pain.

— Ce n'est pas tout, reprit M^lle Dumay. Si par hasard le *palmier vineux* croît à côté du palmier-chou, la fête est complète. Les nègres pratiquent très-adroitement une incision au tronc de l'arbre, puis les calebasses sont apportées au-dessous, et le vin coule, envoyé par la sagesse infinie de cette admirable providence que nous retrouvons partout.

— Du vin! du vin qui coule d'un arbre?...

— Oui, ma chère Jane, une boisson rouge, vineuse, fraîche et fortifiante, et qui a le même agrément au palais que le jus du raisin. Seulement, si l'on conserve ce *vin de palme,* — c'est le nom qu'on lui donne, — dans des gourdes, il fermente et produit alors une ivresse violente chez ceux qui le boivent. Plusieurs de nos marins français ignorant ce danger en ont ressenti les effets.

« Il y a encore une autre espèce de palmier qui produit des fruits très-lourds et très-gros, dont le goût a beaucoup d'analogie avec celui du pain de froment. On l'appelle pour cette raison *arbre à pain.*

— Du pain, du vin, un chou cuit sous la cendre!... Mais on est très-heureux dans ce pays-là! au moins cela ne coûte pas cher!

— Que la peine d'abattre le palmier-chou, ou d'arriver jusqu'à lui, ce qui est difficile; car le tronc, d'une grande hauteur, est lisse et glissant. Les fruits du palmier-pain sont aussi fort élevés. Enfin, il faut savoir découvrir et inciser le palmier vineux. Il faut surtout se garder des scorpions, des petits serpents, et des insectes malfaisants qui rôdent aux alentours des palmiers d'Afrique et d'Asie. Il n'y a pas de plaisir sans peine, ma chère enfant, depuis que Dieu a dit : « Tu mangeras ton pain à la sueur de ton front. »

« Il existe encore une sorte de palmier qui vient surtout dans l'Inde, et qui est un des arbres les plus utiles du pays. Je veux parler du palmier à huile.

— Mais cette famille des palmiers est donc inépuisable?

— Les Indiens ne se servent ni de chandelles ni de bougies.

Ils s'éclairent avec l'huile de palmier et de cocotier. L'huile de palmier surtout est abondante; et cependant ce riche pays produit encore *l'arbre à suif.*

« La France cherche à acclimater chez elle cet arbre précieux, qui, paraît-il, n'est pas délicat et vient très-bien dans un terrain pierreux et sablonneux. Il produit une quantité innombrable de fruits ou petites baies blanches que les Indiens font bouillir dans l'eau. La matière suifeuse s'élève à la surface de l'eau, et prend de la consistance en se refroidissant.

« Des Européens, établis dans l'Inde, ont essayé de faire avec ce suif des bougies, et ils ont parfaitement réussi. Ces bougies de suif végétal donnent une lumière aussi pure que celles qui sont faites avec le suif animal; et, de plus, elles ne répandent pas la mauvaise odeur de la chandelle. Cet arbre, très-commun dans l'Hindoustan, devait attirer l'attention de nos agriculteurs. Je suis sûre que si on le cultive sur une assez grande échelle, il fournira bientôt aux classes pauvres un éclairage sain, brillant et à bon marché.

— Tous les avantages réunis! murmura Jane qui réfléchissait. Mais, dis-moi, ma tante, cet arbre à suif est-il encore de la bienheureuse famille des palmiers?

— Non, mais je n'en ai pas fini avec les palmiers. Je n'ai pas cité, par exemple, le palmier nain qui pullule en Algérie, et dont l'écorce filamenteuse se tisse...

— Comme l'aloès, interrompit Jane.

— Et comme celle de l'ananas... On obtient, avec les feuilles du palmier d'Algérie, une filasse solide et épaisse, employée à faire des cordages. Des Algériens intelligents se sont ingéniés à en faire du papier; d'autres ont également réussi à suppléer, avec cette filasse teinte en noir, au crin végétal et au crin animal, qui servent à rembourrer les meubles et les voitures.

« Outre cette filasse, aux appropriations si variées, le palmier nain donne un fruit dont le noyau très-dur est utilisé par les adroits tourneurs en bois, qui en font des chapelets, des bracelets, des colliers, et divers autres objets de ce genre.

— Tu as parlé de l'ananas, tout à l'heure; je sais qu'on peut faire de jolis tissus avec les fibres de cette plante, dont le fruit est si exquis. J'ai vu, en effet, des mouchoirs en fibres d'ananas, fins, brillants et légers comme s'ils avaient été tissés avec ces fils de la Vierge, qui, en automne, voguent doucement dans l'air, et vont s'accrocher aux branches des arbres.

— Quant aux fils d'aloès, ils sont moins délicats, mais plus solides. L'industrie s'en est emparée pour confectionner de jolis sacs de voyages, des bourses, des blagues à tabac, des sacs à ouvrage d'un usage parfait.

« Le fil qu'on tire de l'écorce du palmier est employé, par les Indiens, à faire des pagnes et des vêtements solides.

« Ma chère Jane, tu es insatiable, et tu me fais bavarder si longuement, que nous laisserons passer l'heure du dîner. Allons, en route, fit-elle en se levant et en regardant à sa montre. L'omnibus nous attend. »

Jane la suivit à travers les petites allées du Jardin d'expériences.

« Je ne vois pas de cèdre du Liban, comme au Jardin des Plantes?

— Songe, ma chère enfant, que le Jardin d'acclimatation est créé depuis quelques années seulement; et d'ailleurs, il ne s'occupe que des plantes et des arbres qui ne sont pas encore acclimatés.

— Le cèdre du Liban n'est-il pas un des plus grands arbres d'Europe?

— Un des plus grands, mais non le plus grand. Ainsi, il existe en Sicile un arbre énorme, nommé le *castagno della nave,* large de dix-huit mètres; et sur l'Etna se voyait, il y a quelques années, un châtaignier si colossal que tous les voyageurs se détournaient de leur chemin pour aller le contempler. Il était curieusement formé de cinq arbres semblables, rapprochés et soudés ensemble, et mesurait cent soixante-dix-huit pieds de circonférence. On l'appelait le *châtaignier des cent chevaux.*

« Mais tu dois bien penser que ce n'est pas en Europe que se trouvent les arbres les plus gigantesques. Un voyageur raconte qu'il a vu, en Californie, un cyprès, de l'espèce appelée *sequoia gigantesque,* qui avait trente-cinq mètres de circonférence et cent trente-huit mètres de hauteur. On évalue l'âge de ce colosse à plus de deux mille ans. Il est entouré au loin par une grande quantité d'arbres de la même famille, qui forment comme un cercle immense d'enfants et de serviteurs autour d'un patriarche biblique.

« Le tronc de ces grands cyprès est tantôt lisse, tantôt cannelé, de couleur rougeâtre. Les branches, courtes, ne se développent que vers la partie supérieure, ce qui fait ressembler l'arbre à une immense colonne en forme de pyramide. Des mousses, des lichens, des lianes fines et légères flottent en guirlandes sur son corps. On voit à ses pieds de belles plantes, couvertes de fleurs roses, vivant en parasites sur les racines mêmes de l'arbre énorme, et étalant leurs branches fleuries jusqu'à deux mètres de haut.

— Quel admirable effet cela doit produire!...

— Les Américains ont remarqué vingt-six de ces arbres, fort rapprochés, et leur ont donné le nom de « groupe de famille ». Il y a d'abord le *père*, la *mère* ; viennent ensuite les *trois sœurs*, la *cabane du mineur*, l'*ermite*, les *jumeaux siamois*, la *vieille fille*, la *cabane de l'oncle Tom*... Ma foi, je ne me souviens plus des autres ; d'ailleurs, nous voici arrivées à la station. »

# QUATRIÈME VISITE

## LES ANIMAUX RUMINANTS — LES PACHYDERMES

Ce jour-là, la famille Dumay était réunie pour le déjeuner, et lorsqu'on servit le dessert, le père, remarquant que Jane levait bien souvent ses yeux vifs et impatients vers la vieille horloge Louis XV, fit un signe au domestique, qui apporta prestement le café.

« Quel beau soleil! dit Jane en soupirant, et que la promenade doit être agréable aujourd'hui !

— Au Jardin d'acclimatation surtout, fit malignement M. Dumay ; l'air y est pur, les arbres sont verts et les oiseaux chantent : c'est la fête de la nature.

— Une promenade après le repas, dit M$^{lle}$ Dumay, est la meilleure chose du monde.

— C'est mon avis ; aussi ai-je l'intention de vous accompagner aujourd'hui.

— Tu viendras avec nous, cher père? s'écria joyeusement Jane.

— Oui ; je veux aider un peu ta tante, qui entreprend de si bon cœur un petit cours d'histoire naturelle à ton usage :

8

deux maîtres ne seront pas de trop pour une étourdie telle que toi. D'ailleurs je vous avouerai que j'aurai moi-même un très-grand plaisir à revoir au Jardin les animaux ruminants, dont la collection s'est heureusement complétée depuis quelque temps.

— C'est justement ceux-ci que nous nous proposons de visiter spécialement aujourd'hui. »

Nos trois personnages, après s'être amplement munis de petits pains, de gâteaux et même de sucre destinés à de libérales distributions, montèrent en voiture, et ne tardèrent pas à arriver au but de leur promenade.

Ils traversèrent le Jardin, et, selon les indications de M. Dumay, se dirigèrent vers les parcs où l'on apercevait, à travers les mailles de légers grillages, toute la famille fauve, blanche et brune des ruminants.

« Si tu veux bien, ma chère Ernestine, dit M. Dumay, nous procèderons par ordre, et nous commencerons par les *lamas,* dont je distingue déjà les longs cous fourrés.

— C'est aussi mon avis, dit Mlle Dumay. Allons, Jane, mets en avant un de tes petits pains; car le *guanaco* n'est sauvage que de nom : tu vas le voir accourir et faire honneur à tes offres. »

En effet, dès qu'ils eurent touché le grillage, un bel animal, fauve-clair en dessus, blanc en dessous, accourut vers eux. Son long col, rond et fourré d'une laine épaisse, fine et douce, s'allongeait au-devant d'eux, et sa tête intelligente semblait leur demander quelque friandise.

Voyant que Jane lui donnait très-généreusement les trois quarts d'un petit pain, il s'élança subitement, appuya ses deux jambes de devant, fines et élégantes sur le grillage, et avança sa tête jusque sur la main de la jeune fille, qui recula en jetant un petit cri.

« Sois sans crainte, fit M. Dumay; il est inoffensif, quoique
un peu gourmand.

— Tu n'en auras plus, dit Jane à l'animal; car tu m'as
fait peur... Non, non... tu as beau me suivre; si je te donne
quelque chose, ce sera une chiquenaude...

1 Guanaco. — 2 Lama. — 3 Vigogne.

— Fort bien, interrompit M. Dumay en souriant; mais je
t'avertis que si tu lui donnes une chiquenaude sur le museau,
il te crachera au visage, ni plus ni moins; car il a le caractère
vif et très-susceptible.

— Jane n'est pas trop rassurée, dit M<sup>lle</sup> Dumay; c'est moi
qui vais lui infliger la chiquenaude en question. »

Les trois personnages se mirent à rire en voyant l'effet de
cette petite taquinerie. Le guanaco ne s'enfuit pas; mais il

les regarda d'un air mécontent, et se mit effectivement à cracher sur eux.

« A-t-il mauvais caractère! fit Jane en s'enfuyant à l'écart.

— C'est à cause de cette particularité que les habitants du Chili l'appellent *crache-au-nez*.

— Oui; mais quelle belle toison!

— Aussi, reprit M. Dumay, les Indiens lui font-ils une chasse continuelle : d'abord pour sa chair, qu'ils aiment beaucoup et qui est substantielle en même temps que délicate; ensuite pour sa peau, dont ils se font des manteaux. Comme il s'est parfaitement reproduit au Jardin, notre industrie saura beaucoup mieux tirer parti de cette riche toison fourrée : mêlée à celle du lama ordinaire et même à celle du mouton, elle servira à fabriquer des couvertures et des tissus très-chauds. C'est donc une précieuse acquisition.

— A côté, dit M^lle Dumay, voici le lama ordinaire, qui vient du même pays. Il s'est acclimaté avec la plus grande facilité, et le Jardin en possède plusieurs. Tu les vois là-bas : deux blancs, paissant l'herbe comme de simples ânons; deux bruns et deux jeunes semblables couchés à côté de leur mère.

— Ils sont bien moins beaux que le guanaco.

— C'est vrai; mais leur toison est pour le moins aussi précieuse. En outre, plus doux, plus craintifs, ils se familiarisent plus facilement que le guanaco. Aussi les indigènes les emploient-ils comme bêtes de somme.

« Le lama est la seule richesse, l'ami et le compagnon du pauvre Indien, qui le traite avec douceur, et ne le charge que dans une juste proportion...

« Ah! arrêtons-nous devant celui-ci; il est un peu de la famille; mais il diffère de nom.

— L'*alpaca*? lut Jane levant les yeux sur l'écriteau appendu au grillage.

— Son poil est plus précieux que celui du lama, dit M^lle Dumay ; il est plus doux et plus soyeux : tiens, regarde-le de près, et admires-en la finesse.

— On dirait de la soie !

— Je crois bien ! continua la tante ; c'est avec cette superbe toison que l'on fabrique ces étoffes solides, brillantes, appelées alpacas... justement comme la robe que je porte en ce moment.

— Ainsi tu peux juger, ma chère Jane, observa M. Dumay, combien l'acclimatation en France de cet utile animal serait précieuse. Tu ne te doutes pas que nous payons un tribut à l'Angleterre en lui achetant les tissus d'alpaca qu'elle seule, jusqu'à présent, fabrique avec les laines tirées du Pérou.

« Et si l'on pouvait avoir des *vigognes* avant qu'elles deviennent tout à fait rares, et les acclimater ici, ce serait encore mieux. La laine de la vigogne, douce comme le cachemire, très-recherchée, se vend à des prix fort élevés. Les naturels du pays font à ces animaux une chasse si acharnée que l'espèce tend à être détruite.

— Est-ce Buffon, demanda M^lle Dumay, qui le premier conçut le projet d'enrichir les Alpes et les Pyrénées de ces animaux ?

— Oui ; c'est lui qui, en 1765, eut cette excellente idée ; mais elle ne fut pas mise à exécution. Depuis, l'impératrice Joséphine, et plus tard le duc d'Orléans donnèrent des ordres pour que des troupeaux de vigognes fussent amenés en France ; mais les tentatives échouèrent. C'est à la Société zoologique impériale d'acclimatation que reviendra l'honneur d'avoir enfin réussi, non sans difficulté. »

Jane s'arrêta devant un grand parc rempli d'animaux, parmi lesquels elle montra de la main les plus grands, qui s'approchaient calmes et majestueux.

« Oh! pour ceux-là, je les connais, cher père : ce sont les *dromadaires*.

— Lesquels?

— Les deux noirs, qui n'ont qu'une bosse... Oh! vois donc le joli petit chameau gris avec sa mère!

— Et son père, qui reste sagement au milieu du parc, tandis que la femelle et le petit, plus curieux, s'avancent vers le grillage. Ce petit chameau est fort bien proportionné; il paraît bien portant et gaillard, et joue autour de sa mère comme un jeune chat. Voilà une belle preuve de l'acclimatation du chameau en France.

— Mais on ne s'en servira pas pour monture? demanda Jane.

— Qui sait? répondit M. Dumay. En attendant, l'industrie pourrait tirer un excellent parti de son poil fauve, très-épais et fin. En Orient et en Afrique, on en fabrique de jolis burnous; mais ce n'est là, pour les Orientaux et les Africains, que le plus faible mérite de ce singulier animal.

« Le chameau et le dromadaire leur sont indispensables pour voyager à travers les contrées arides, les déserts et les steppes brûlés par le soleil. Le cheval n'a pas la force et la patience du chameau.

« Au cheval il faut une nourriture régulière et abondante; le chameau reste huit jours sans manger.

— Pauvre animal! fit Jane apitoyée.

— La nature est prévoyante et infinie dans ses moyens. Tu ne vois peut-être, dans les deux bosses de son dos, qu'une difformité bizarre et inutile? Détrompe-toi : ces bosses sont comme le sac de provisions de l'animal. Elles contiennent une graisse qu'il absorbe quand le jeûne, auquel le condamnent souvent les voyages à travers le désert, est trop prolongé. Aussi, lorsque le chameau a été privé longtemps d'une nourriture suffisante, voit-on ses deux bosses s'affaisser comme des outres vides.

— En vérité, fit Jane en riant, c'est bien singulier, et voilà maintenant que je vais trouver belles ces bosses disgracieuses !

— Ce qui est plus singulier encore, — preuve nouvelle de l'admirable sagesse de la Providence, — c'est que le chameau et le dromadaire conservent longtemps dans leur estomac la

Chameau de Bactriane.

provision d'eau qu'ils ont bue à la source de l'oasis, à la citerne du désert, ou à la fontaine du caravansérail, l'hôtellerie de ces pays. S'ils boivent outre mesure, ce n'est pas abus de leur part, c'est prévoyance de l'avenir. Leur estomac devient un réservoir à eau, comme leurs bosses un garde-manger, pour les longs jours de sécheresse et de disette.

— Le petit chameau, dit Jane, n'ose pas prendre le pain ;
mais les deux dromadaires savent très-bien le manger. Ils
abaissent leur long cou jusqu'à ma main, et me regardent
avec des yeux doux et bons.

— Ce sont les premiers domestiques de l'Orient pour la
docilité et la douceur, en même temps que pour les services
qu'ils rendent. Quand on s'approche d'eux, une simple pres-
sion de la main suffit pour les faire s'agenouiller, attendant
patiemment qu'on les charge, soit d'une tente renfermant
quelquefois toute une famille, soit de lourdes marchandises
qu'ils transportent avec la plus grande agilité à travers
d'immenses et interminables plaines de sables brûlants, que
l'homme ne pourrait franchir vivant sans leur secours.

« Enfin, dit M^{lle} Dumay, si tu me demandais pourquoi, sous
un si grand corps, ils ont des jambes si grêles, tout muscles et
nerfs, je te répondrais comme le loup du petit Chaperon-
Rouge : C'est pour mieux courir, mon enfant !

« Traversons cette allée, nous serons à l'abri de la chaleur,
et nous verrons les *rennes,* qui sont à la Russie et à la Laponie ce que les chameaux sont à l'Orient, les plus utiles
comme les plus fidèles serviteurs.

— C'est un bel animal, dit Jane : il ressemble à un grand
cerf.

— Le bois qu'il porte au front est plus riche et plus accidenté
que celui du cerf. A l'automne, ce bois tombe, et, ce qui est
extraordinaire, c'est qu'en même temps que lui tombe aussi
la vigueur et l'agilité du renne. Cette particularité me met en
souvenir l'histoire de Samson, qui perdait sa force surhumaine
en perdant sa chevelure.

— Est-ce qu'il y a plusieurs espèces de rennes? demanda
Jane. Je vois quelques animaux semblables se promener sous
les arbres de ce petit bois.

— Non, il n'y en a que deux : le renne sauvage et le renne domestique; naturellement, le renne sauvage est le plus fort et le plus hardi, ou plutôt le moins peureux; car il faut te dire que ce bel animal, si noble et si gracieux d'attitude, est d'une poltronnerie sans pareille.

— Ce qui est impardonnable, selon moi, dit M$^{lle}$ Dumay, puisqu'il porte sur sa tête une arme terrible.

Le Renne.

— La peur l'empêche de s'en servir : il fuit plutôt que de se défendre.

— Est-il possible? fit Jane. On voit bien qu'il n'est pas français !

— Son métier, dit M. Dumay en souriant de cette saillie, n'est pas de combattre et d'être brave, mais de courir; c'est le coursier des Lapons. Sans lui tout transport deviendrait impossible dans une contrée où le sol est non-seulement couvert

de neiges, mais encore affreusement accidenté. C'est une chose
très-curieuse qu'un convoi de traîneaux. On compte souvent
dix traîneaux attelés chacun d'un renne. Un seul Lapon
conduit tout ce train. Il est installé sur le premier traîneau,
et tient à la main une longue courroie passée dans toute
la ligne, qui sert à diriger le convoi; et avec quelle rapidité
de marche! vingt kilomètres, c'est-à-dire cinq lieues, à l'heure,
et cent cinquante kilomètres à la journée.

— C'est merveilleux! s'écria Jane. Les Lapons n'ont pas

Traîneaux conduits par des rennes.

besoin de chemins de fer, les rennes remplacent les lourdes
locomotives, qui, malgré leur puissante vapeur, ne fournissent
qu'une course d'une vitesse double; encore faut-il de nombreuses stations pour alimenter les machines de charbon et
d'eau.

— Il est vrai que les rennes ont besoin de s'alimenter aussi,
et de prendre un peu de repos dans ces longs voyages; il leur
faut des stations distantes de trente à quarante kilomètres
au plus, où ils puissent manger et se reposer. On comprend,
sans peine, que ces pauvres animaux ne pourraient faire une
course de cent cinquante kilomètres sans nourriture et sans
relâche. Ils n'ont pas en eux de provisions naturelles comme

les chameaux et les dromadaires. Du reste, la vie animale est
comme un ressort qui se brise s'il reste trop longtemps
tendu.

« Le Lapon n'a pas seulement dans le renne un coursier indispensable : c'est son commerce, son bien, sa vie. Il boit son
lait, mange sa chair, sa moelle, son sang ; de sa peau il fait
des chaussures et des vêtements, et il échange les cornes et
le reste contre de la farine, du sel et du drap que le pays ne
produit pas ; il n'est pas jusqu'aux veines du cou qu'il n'u-
tilise.

— Que peut-il bien en faire ? interrompit Jane.

— Devine ?... du fil à coudre.

— S'il n'est pas courageux, réfléchit Jane, il est bien intéressant, et rend de bien grands services. Regardons-le..., il
sort de sa cabane : comme il est noble d'apparence !

— A Noël on abat ceux dont on ne veut pas se servir pour
la course. La chair est alors grasse et savoureuse : on peut la
manger fraîche, mais généralement on la sale et on la fume, et
cela fait plus tard des rôtis excellents, surtout quand ils sont
accommodés avec de petits ananas confits, récoltés dans le
pays.

— Du rôti de renne à l'ananas, fit Jane d'un petit air gourmand, les Lapons ne sont pas difficiles !...

— Sous le rapport de l'alimentation, reprit M. Dumay, le
lait des rennes est d'un grand secours. Les femmes du pays en
font de très-bons fromages fort estimés. Il y a plus : ce lait sert
quelquefois de monnaie courante pour le commerce des rennes.
Ainsi, on a souvent un bon renne pour trente-sept litres de
lait.

« Mais voici le revers de la médaille : malgré les produits
incessants et considérables que le Lapon tire de ces animaux,
il n'y a pas de fortune plus précaire que celle qui consiste en

un troupeau de rennes. Le plus riche propriétaire peut dans un mois se trouver réduit à la misère...

— Il n'est pas besoin d'aller en Laponie, interrompit M<sup>lle</sup> Dumay, pour voir un riche propriétaire de troupeaux ruiné tout d'un coup en quelques semaines. N'avons-nous pas lu dans les journaux anglais, au mois de novembre 1865, qu'un laitier des environs de Londres avait perdu en moins d'un mois huit cents vaches, par suite de l'épizootie terrible qui régnait à cette époque en Angleterre et aussi en Allemagne ?

— Le renne n'a pas à redouter seulement les épidémies de cette nature qui déciment subitement les troupeaux de tout un pays ; sa condition est bien plus malheureuse : il est sujet à une foule de maladies, dont quatorze au moins sont reconnues mortelles. La plus commune est due à un insecte qui s'établit sous la peau de l'animal, et s'y multiplie à l'infini...

— Quelque dérivatif de la trichine, peut-être ?

— Pas tout à fait ; mais cet insecte, auquel on a donné le nom d'*œstrus tarandi,* cause rapidement la mort du pauvre animal qui succombe au milieu d'affreuses douleurs. Une autre cause de dépérissement et de mort pour le renne, c'est la privation de végétaux verts pendant la rude saison des neiges. Il est surtout friand d'un certain lichen qui croît abondamment en Laponie. Il en sent de loin le bouquet, même sous la neige qui le recouvre, et il sait très-bien le découvrir : il travaille avec ardeur pour s'en repaître avec délices. Mais souvent, à la fin de l'hiver, la neige forme sur le sol une couche si épaisse et si dure, qu'il ne peut la briser, et alors il dépérit, et meurt infailliblement si le dégel tarde à venir.

— Il me semble que ce n'est pas tout, continua M<sup>lle</sup> Dumay ; les bêtes sauvages ne manquent pas en Laponie, les loups surtout, les loups qui surgissent au milieu des steppes et s'élancent après les traîneaux. Malgré la vitesse des rennes, affolés de terreur, le loup arrive presque toujours à les saisir par une jambe de derrière : le renne alors est incapable de résistance, et, si les gens du traîneau ne viennent pas à son aide, il entraîne son ennemi dans une course effrénée jusqu'à ce qu'il succombe. Le loup lui ouvre la gorge, et se repaît de son cœur et de ses poumons.

— L'abominable loup ! s'écria Jane haletante d'émotion.

— Si le renne ne sait pas lutter contre le danger, il nous offre au moins un type intéressant de l'amour maternel chez les animaux. La femelle aime ses petits avec tendresse. Le jeune renne est allaité avec amour et comblé de soins : lorsqu'il devient grand, on a beaucoup de peine à le séparer de sa mère. Longtemps après elle le reconnaît au milieu d'un troupeau, court à lui et le comble de caresses.

— N'est-ce pas avec la peau du renne que l'on fait de si bons gants ?

— Avec la peau des jeunes seulement. On en fait aussi des pelisses et des vestes ; mais les Lapons épargnent le plus qu'ils peuvent leurs rennes domestiques pour se livrer à la chasse des rennes sauvages. Ceux-ci, quand ils sont blessés par le chasseur, deviennent terribles, et sont alors aussi dangereux que l'ours.

« Maintenant, continuons notre promenade : le renne est rentré dans sa cabane, et nous t'avons appris tout ce que nous savons d'intéressant sur lui.

— Nous pourrions visiter les races caprines d'Angora et du Thibet, avant d'arriver aux parcs des antilopes et des gazelles.

— Oui, fit M. Dumay ; mais passons d'abord de ce côté pour voir le fameux *yack* ou bœuf à queue de cheval.

— Ah ! demanda Jane, est-ce avec les poils du yack que l'on fait cette belle dentelle de laine, qui compose de si jolies pèlerines, et ces franges blanches et noires qui ressemblent à de la soie ondulée?

— Justement! Regarde la singulière conformation de l'animal. Sa tête ressemble à celle d'un bœuf, sa queue à celle d'un cheval; sa longue et magnifique toison est aussi abondante, aussi soyeuse que celle des chèvres d'Angora et du

Le Yack.

Thibet... Tiens! il s'approche en faisant entendre un grognement; aussi l'appelle-t-on le plus souvent *bœuf grognant*. Lorsqu'il est irrité, il hérisse ses longs poils et relève la queue; cependant il n'est pas méchant.

« Les Tartares nomades l'emploient non pas à labourer la terre, mais comme bête de somme. C'est M. de Montigny, consul de France à Chang-Haï, qui, en 1854, ramena lui-même en France un troupeau de douze yacks blancs et noirs, qu'il avait fait venir à grands frais du Thibet, afin de les acclimater dans notre pays où ils étaient tout à fait nouveaux.

« Indépendamment de sa magnifique toison, le yack peut rendre de grands services à l'agriculture dans les contrées montagneuses, où il se trouve dans son milieu. Propre au trait et à la selle, il a le pied sûr de la mule dans les sentiers escarpés, il bondit et franchit les fossés et les précipices comme le chamois. Ses qualités sont multiples : sa laine est précieuse, son lait abondant et d'une qualité excellente, et sa sobriété comparable à celle des animaux qui vivent dans les montagnes.

« Un mot des emplois divers de sa toison. Chez nous on en fait des tissus et des garnitures pour toilettes de femme, qui peuvent rivaliser de finesse avec ceux de Cachemyr. La queue, garnie de poils plus fins et plus soyeux que ceux du cheval, est fort estimée dans tout l'Orient, où l'on en fait un objet de parure et de luxe.

« On s'en sert pour faire des chasse-mouches : teinte en rouge, elle garnit les bonnets d'été, les éventails, les chaussures; enfin, chez les Turcs et les Persans, elle est la marque distinctive de certaines dignités militaires. Comme celle du bœuf, sa chair est excellente. »

Les trois promeneurs se dirigèrent vers un parc dont le centre est pittoresquement occupé par un grand rocher factice, sous les anfractuosités duquel on a ménagé un passage et une grotte.

Jane jeta une joyeuse exclamation en apercevant une multitude de chèvres, blanches comme du lait, qui grimpaient sur les roches et s'y suspendaient fort adroitement, guettant les promeneurs au passage, quêtant un morceau de pain.

A peine furent-ils arrivés près de la grotte qu'elles accoururent toutes en bondissant, et Jane eut bientôt autour d'elle une douzaine de têtes au museau rosé, à toison blanche, longue et finement ondulée, brillante au soleil comme de la nacre.

« Sont-elles jolies! disait la jeune fille, dont la main rapide ne pouvait suffire à distribuer une bouchée de pain à chaque bouche affamée. On dirait que ces longues soies qui tombent de chaque côté de leur cou, sont des boucles de cheveux.

— Et leur visage rosé les fait ressembler à de jeunes ladies anglaises, dit M^{lle} Dumay. Tu as reconnu les chèvres d'Angora qui nous viennent de l'Asie-Mineure. Sur ces roches sèches exposées au soleil et installées ici avec tant d'art qu'on les croirait naturelles, elles se trouvent fort à l'aise; car les plaines humides et le voisinage des forêts ne leur conviennent nullement.

— N'a-t-on pas déjà souvent essayé d'acclimater en France la chèvre d'Angora?

— Oui; mais on ne pouvait y réussir.

« C'est à la Société impériale zoologique d'acclimatation que nous devons l'importation et la prospérité en France de cette belle espèce, dont la chair délicate et savoureuse est aussi parfaite que son poil est brillant et doux.

« En 1854, la Société fit venir à ses frais un magnifique troupeau de soixante-seize têtes, puis seize autres furent offertes au maréchal Vaillant par l'émir Abd-el-Kader. Elles ont été placées chez plusieurs propriétaires importants du Jura, des Alpes et de l'Auvergne. Cette race a parfaitement prospéré, et tout récemment un manufacturier habile, M. Davin, a fabriqué de magnifiques tissus avec leurs toisons. »

M. et M^{lle} Dumay s'assirent un instant sous la grotte, tandis que Jane tâchait de saisir à travers le large grillage quelques brins de la blanche soie, afin de l'observer de plus près.

Mais voilà que tout à coup elle sentit derrière son cou un souffle tiède, et faillit jeter un cri en voyant un grand bélier fauve clair qui, debout sur ses deux pattes de derrière, avançait la tête au-dessus du grillage.

« Sois sans crainte, Jane, cria M. Dumay; c'est le *mouflon* de Corse, un animal très-doux. Vois comme il attend
patiemment que tu lui donnes un peu de pain. En voici
d'autres de la même famille qui s'approchent. Remarque
seulement qu'ils portent une touffe de poils longs et roides
entourant le bas de la jambe. On les appelle pour cette raison : *mouflons à manchettes.*

Mouflon à manchettes.

« Maintenant descendons de ce côté, et allons voir la statue
que l'on vient d'ériger à Daubenton.

— Quel est donc ce Daubenton que je t'ai entendu déjà
nommer tout à l'heure?

— Daubenton était l'ami de Buffon, qui nous a laissé une
excellente histoire naturelle fort claire, fort précise et surtout
parfaitement écrite...

— M. de Buffon qui mettait des manchettes pour écrire?

— Tu répètes là une locution métaphorique par laquelle

9

on a voulu représenter la pompe du style de cet écrivain, style un peu trop magnifique pour raconter la simple histoire des animaux et des plantes. Quoi qu'il en soit, Buffon aimait à se poser en académicien et en naturaliste, tandis que Daubenton, plus humble, mais travailleur intelligent et patient, s'effaçait derrière lui.

« C'est à Daubenton, ma chère Jane, que la France doit l'importation et l'acclimatation du mouton et du bélier mérinos, l'animal le plus utile à notre pays parmi tous ceux que nous venons de voir. »

Tout en causant, ils étaient parvenus devant la statue, blanche et nouvellement érigée, placée au milieu d'un beau et vaste parterre s'étendant comme une petite place devant la grande volière des oiseaux d'agrément.

L'illustre naturaliste est représenté debout, vêtu du costume de son temps, appuyant sa main sur la tête d'un bélier mérinos qu'il semble présenter d'un air souriant plein d'une fierté modeste. C'est, en effet, son titre de gloire.

« Maintenant, dit M. Dumay en se dirigeant vers une allée ombreuse, voici les cabanes et les parcs de la race mérinos que nous devons à Daubenton. Tu connais les belles et solides étoffes mérinos que l'on tisse avec cette laine d'une qualité hors ligne comme beauté et finesse. Ce commerce est en France d'une grande importance. La ville de Reims compte plusieurs magnifiques fabriques de mérinos, dont les chefs ont un nom bien connu en Europe. Les villes du Nord, telles que Lille, Roubaix, Tourcoing, ont des filatures qui emploient un nombre considérable d'ouvriers.

— N'est-ce pas M. Graux, cultivateur à Mauchamps, qui a, pour ainsi dire, créé une race mérinos? demanda à son frère M$^{lle}$ Dumay.

— Oui, et justement la voici. Tu peux voir qu'elle porte

le nom de l'agriculteur, ce qui est de toute justice. La laine de cette race est lisse, soyeuse, au lieu d'être ondulée et frisée comme celle des autres que nous venons de voir.

« La race mérine Graux de Mauchamps est devenue aujourd'hui une de celles que l'étranger envie à notre pays.

— Oh! voyez donc ceux-ci, s'écria Jane, comme ils sont propres et mignons : ils ont l'air d'avoir des bottes avec leurs petites pattes noires comme du jais.

— Tu ne remarques pas son principal caractère : c'est le mouton sans laine, dit *morvan*. Quant à son voisin, le mouton de *Caramanie*, l'excellence de sa chair lui fait pardonner sa malpropreté et sa laideur : sa queue, renflée sur les côtés, contient une graisse assez semblable à de la moelle, qui sert à préparer les aliments... Cette graisse est abondante et pèse jusqu'à 20 kilogrammes. Mais la laine, grossière, ne peut servir qu'à des ouvrages communs.

« Comme le mouton de Caramanie, ceux des parcs suivants, mouton de *Siebenbury*, d'*Yémen* et *Hongrois*, ont une toison ordinaire.

« Le mouton Hongrois se distingue par ses larges cornes qui, tordues sur elles-mêmes s'écartent horizontalement; son corps, un peu court, paraît d'autant plus large que sa toison est d'une épaisseur extraordinaire, et si longue, qu'on ne voit pas ses pattes. Comme une énorme chevelure, elle se partage par une raie sur le milieu du dos.

« Malheureusement cette laine surabondante a peu de valeur.

— Allons de ce côté; je vois de tout petits moutons noirs qui jouent comme de jeunes chiens.

— Ceux-là, d'un gris sale, appartiennent-ils à la même espèce?

— Ce sont les moutons d'*Astrakan*, donnés au Jardin

par l'empereur. Originaires de la Russie méridionale, ils se trouvent en quantité aux environs d'Astrakan.

— Oui, ce sont les pères et les mères. Les petits seulement sont noirs et naissent avec de la laine très-frisée. En grandissant ils deviennent semblables à leurs parents. Aussi, pour obtenir la fourrure d'Astrakan, si recherchée, si à la mode, on prend les petits dès leur naissance, on les coud dans une toile et on les arrose chaque jour avec de l'eau tiède : leur fourrure noire devient magnifique.

« Il en existe une variété grise, moins jolie.

« Voici encore une race mérinos dérivée de la première : le mouton de *Naz*; de petite taille, d'une sobriété extrême, il donne une laine qui égale et surpasse toutes les laines les plus renommées.

— Et celui-ci, remarquable par son front busqué, comment se nomme-t-il?

— C'est un « noble étranger, » fit M^lle Dumay en riant, le mouton chinois *Ong-ti*. Les brebis de cette espèce, d'une extrême fécondité, peuvent produire jusqu'à dix agneaux, en deux fois, dans une seule année. »

Une douzaine de charmantes petites chèvres, de l'aspect le plus original, accoururent vers les trois promeneurs. Il y en avait de brunes tachetées de jaune, de fauve clair marquées de blanc, de noires et blanches; elles levaient leurs têtes caressantes vers Jane qui tenait un petit pain, et tous ces visages encornés, aux longues et larges oreilles, réunies et rapprochées en faisceau, produisaient l'effet le plus drôle.

— C'est la race caprine d'Égypte, dit M^lle Dumay, fort jolie, et donnant un lait abondant; mais la race géante de l'Inde, qui se trouve à côté, est vraiment effrayante; le bouc ne mesure pas moins de quatre-vingt-douze centimètres au garrot.

— Je crois, dit M. Dumay, que nous avons vu les plus intéressants sous le rapport de l'utilité; maintenant, traversons cette allée, et allons nous rafraîchir au buffet. »

M. Dumay, sa sœur et Jane s'assirent autour d'une petite table ronde placée devant un chalet rustique, entouré d'arbres. La bière de Bavière, servie avec un panier de croquets, fut trouvée fraîche et excellente.

L'emplacement affecté à l'installation du buffet a, du reste, été bien choisi. De là, le promeneur assis, peut embrasser, d'un coup d'œil, presque toutes les diverses parties du jardin, et l'on ne saurait imaginer d'aspect plus pittoresque et plus varié.

Antilope Bessa.

Ce fut Jane, bien entendu, qui leva le siége la première, et tout d'abord elle courut vers le parc le plus voisin, où elle avait remarqué déjà de jolies gazelles, et des antilopes familières.

La plus jolie de toutes, l'antilope *Bessa*, originaire d'Afrique, vint quêter du pain, et on put l'admirer à loisir.

D'une jolie taille, élancée, couleur gris cendré, elle est marquée sur les côtes de deux raies longitudinales d'un noir de jais; deux bandes noires semblables, entourant ses fines jambes blanches, lui font d'élégantes jarretières. Sa tête blanche, marquée de larges taches noires très-nettes et très-régulières, est fort jolie, et les deux hautes cornes droites et minces, qui s'élèvent très-rapprochées sur son front, contribuent encore à son élégance. Sa queue, semblable à celle d'un petit cheval, est noire et ondulée.

M. Dumay expliqua que cette espèce, très-rare, bien acclimatée, s'apprivoise facilement. « Ce sera, ajouta-t-il, un fort bel animal pour l'ornement de nos bois et de nos prés. Sa chair est excellente, et je crois qu'on peut tirer parti de sa jolie robe.

« L'antilope suivante, moins agréable à l'œil, est plus précieuse et plus recherchée : elle se nomme antilope *Nylgau*, et nous vient du beau pays de Cachemyr. Cette espèce, d'une timidité excessive, habite les forêts les plus solitaires, comme pour mieux s'y cacher, et ne sort que la nuit pour venir pâturer dans les lieux découverts. Elle s'offraie de tout, et s'enfuit à la moindre apparence de danger avec une terreur si étourdie, qu'elle va se briser la tête ou les jambes contre les obstacles, arbre ou pierre, qu'elle rencontre dans sa course affolée.

« Il est très-heureux qu'on soit parvenu à l'acclimater chez nous; car non-seulement sa chair est très-savoureuse, mais sa peau donne un cuir épais et résistant dont l'industrie pourrait tirer un excellent parti. On désire vivement que cette espèce se multiplie dans notre pays; elle fournirait un animal de chasse fort précieux.

— Si l'antilope Bessa est la plus jolie des antilopes, dit M<sup>lle</sup> Dumay, voici la plus laide et la plus terrible de toutes.

— Le *gnou!* lut Jane, quel singulier nom!

— Et quel animal plus singulier encore! ajouta M. Dumay. Les anciens le connaissaient, puisque Pline en parle et en fait un portrait énergique en peu de mots.

« Cet animal, dit-il, tient constamment sa tête penchée vers la terre pour ne pas détruire la race humaine; car tous

Antilope Nylgau.

ceux qui voient ses yeux meurent aussitôt. » C'est aussi expressif que laconique.

— En effet, dit Jane se reculant instinctivement, il a un mauvais regard fixe qui étonne et effraie.

— Et cette touffe de poils roides qu'il porte au-dessous de ses yeux, sur le chanfrein, cette crinière toute hérissée, ces deux longues cornes, enfin, qui descendent et se redressent brusquement, frappent l'imagination. On s'en souvient quand on l'a vu une fois. Il se laisse difficilement approcher,

et son mugissement rauque semble plein de colère : du reste
il est très-rare, et c'est le premier spécimen qui ait paru
vivant en France. Cependant il vit en nombreux troupeaux
dans les montagnes du cap de Bonne-Espérance.

Zébu de l'Inde. — Zébu trotteur de la Chine.

— Voici maintenant les bœufs *zébus* de l'Inde, de la Cochinchine et du Sénégal, autrement dits bœufs à bosse. Les
Indiens s'en servent plus volontiers comme trotteurs que
comme bêtes de labour.

« La chair des zébus est bonne, et leur cuir très-estimé.
Mais ils n'ont pas la qualité laitière de nos espèces bovines.

— Tiens, Jane, viens de ce côté, dit M^lle Dumay, nous
allons voir les *hémiones*, une acclimatation des plus importantes que le Jardin zoologique ait faites.

— L'hémione ressemble à une ânesse; mais il a aussi
quelque chose du cheval. Sa robe charmante, d'une nuance
claire couleur café au lait, lisse et teintée de blanc en dessous, donne envie de le caresser. L'animal, du reste, a l'air
doux et bon.

— Il est doux, en effet, mais défiant, mobile, remuant ; on a eu les plus grandes peines à l'apprivoiser. Pendant quelque temps on craignait que cette domestication ne fût tout à fait impossible. On a cependant réussi heureusement à le dompter et à le dresser au travail.

— Elles travaillent donc ces jolies bêtes? demanda Jane.

Zèbres.

— C'est leur qualité principale. Ainsi que le zèbre, les hémiones joignent à leur force une grande agilité et une célérité peu commune. Tu vois qu'ils ont des bridons comme les yacks ; mais, bien mieux qu'eux, on les attelle à des charrettes, à des voitures, et ils rendent de très-grands services.

— Ce zèbre aussi? quelles jolies rayures !

— Vois comme il est doux et comme il prend délicate-
ment le pain que tu lui offres. On l'a si bien dressé ici,
qu'il se laisse conduire par un cavalier avec une docilité
exemplaire.

« Dans les rues de Paris, on voit souvent la voiture du Jardin
d'acclimatation, transportant les plantes ou les animaux
achetés, attelée de deux jolis hémiones, qui traînent, avec un
trot léger et uniforme, ce véhicule déjà assez lourd. Du reste,
la vélocité de ces animaux est si grande, qu'elle est passée
en proverbe dans l'Inde.

« Donc, si l'hémione ne peut transporter de lourds fardeaux
comme nos chevaux percherons et normands, au moins sera-
t-il excellent pour la selle. Il remplacera aussi le baudet, si
lent, si entêté, si gauche d'allure. Enfin, puisqu'il est beaucoup plus sobre que le cheval et l'âne, il coûterait moins cher
à nourrir.

« Un de nos naturalistes les plus distingués, Sonnini, disait
en 1803, dans un de ses principaux ouvrages, en parlant
des hémiones, que ce sont des coursiers plus rapides que les
meilleurs chevaux, et que ces animaux seraient les meilleurs
bidets du monde s'il était possible de les soumettre à la domestication.

« Ce que le naturaliste croyait impossible est réalisé aujour-
d'hui. Les hémiones deviendront, j'en suis sûr, de précieuses
montures, pour nos contrées montagneuses surtout ; ils pourront remplacer avantageusement nos mulets actuels, et l'industrie de l'élevage et du dressage en tirera grand parti.
L'Espagne viendra nous les acheter pour les attelages de luxe
aussi bien que pour le service des transports de messagerie et
d'agriculture.

« C'est là une conquête nouvelle et une source de richesse due
aux éminents naturalistes qui illustrent notre temps, notam-

ment à M. Dussumier, de Bordeaux, qui a importé l'hémione, et à M. Isidore Geoffroy Saint-Hilaire, qui l'a dressé et acclimaté au Jardin des plantes. »

Tout en parlant, nos promeneurs étaient arrivés en présence d'un animal pas plus grand qu'une chèvre, dont la tête, triste et pensive, munie de deux petites cornes noires, se releva d'un air inquiet à leur aspect.

Chamois.

« Voilà donc, dit M^lle Dumay en s'arrêtant, le seul animal qui en France représente le type gracieux et poétique des gazelles et des antilopes qui animent les déserts de l'Orient.

— Comment! c'est le chamois? s'écria Jane étonnée; je me le figurais plus élégant. Ses jambes sont fines, il est vrai; mais il est d'une taille peu élevée, peu élancée, et sa robe, d'un fauve sale, est toute broussailleuse.

— Et puis comme il a l'air malheureux!

— Il y a peu de temps qu'il est ici, dit M. Dumay, et, vous le savez, le chamois n'aime que la liberté, l'air vif et sec des rochers inaccessibles, et les plantes alpines, si vigoureuses, arrosées par la neige des montagnes.

« La fourrure du chamois est de peu d'importance; c'est sa peau qui est précieuse.

« Les habitants du Tyrol s'adonnent spécialement à la chasse du chamois, qui vit particulièrement dans leurs hautes montagnes.

— Les Tyroliens! interrompit Jane; les Tyroliens que l'on représente toujours avec un chapeau pointu, une culotte courte en velours, et une ceinture brodée...

— Leur costume est, en effet, fort pittoresque, et s'harmonise bien avec l'aspect de leurs montagnes.

— Pauvres gens! dit M\ufe0fle Dumay; combien leur métier est dur, pénible et dangereux!

— Cependant ils sont chasseurs de chamois de père en fils; et ce métier si dur, comme tu le dis, les passionne à un point extraordinaire. Le froid, la faim, la fatigue sont peu de chose tant qu'ils peuvent les supporter. Ils bravent les précipices les plus profonds, ils grimpent sur les roches les plus escarpées, et quelquefois même, après s'être cassé un bras ou une jambe dans leurs téméraires excursions, ils y retournent avec une ardeur et un courage incroyables. Ils savent qu'ils y trouveront la mort tôt ou tard, comme leur père ou leur aïeul; mais que leur importe?

« Il faut non-seulement du courage, mais de l'adresse et de la patience pour atteindre un animal si méfiant et si craintif. Le chamois ne s'aventure qu'avec des précautions infinies, aspirant l'air de ses naseaux ouverts pour flairer son ennemi. A la plus légère appréhension, il pousse un cri aigu, s'élance au-dessus des précipices, et disparaît en faisant des bonds de cinq à six mètres.

« Si une mère est tuée, il faut voir la douleur de ses petits. Ils suivent son cadavre, aimant mieux se laisser prendre que de l'abandonner. Quelquefois un jeune chamois orphelin, qui cherche sa mère de toutes parts, croit la reconnaître au milieu d'un troupeau de chèvres, et il suit le troupeau jusque dans l'étable.

« Parmi tous les dangers qui menacent le chasseur de chamois, la tempête, dans les Alpes, est un des plus terribles. Une nuit complète l'environne, les flocons de neige le glacent, la violence du vent le renverse. Malheur à lui s'il ne lutte pas de force et d'énergie contre le terrible élément! Si ses mains glacées abandonnent le rocher auquel il se cramponne, il sera emporté comme une feuille d'arbre et brisé sur les pics aigus. Aussi, quand le chasseur de chamois part de sa maison, sa femme et ses enfants ne savent point s'il reviendra jamais!

— Cette chasse au chamois est effrayante, fit Jane très-impressionnée... Mais pour le buffle, que je vois dans le parc suivant, n'existe-t-il pas aussi une chasse particulière, dont il me semble avoir entendu parler?

— Tu n'y as pas prêté grande attention, répondit M\uffollowelle Dumay en riant; c'est cependant moi qui t'en ai raconté quelques particularités.

« Le buffle, qu'on trouve principalement en Amérique et aux Indes, aime beaucoup à se plonger dans l'eau et à nager. C'est ordinairement au bord de l'eau que les chasseurs se mettent à l'affût. Les Indiens s'en emparent au moyen du *lazo*, longue corde avec un nœud coulant à son extrémité, qu'ils lancent adroitement autour du cou de l'animal.

« Ils prennent de la même façon les chevaux sauvages, qui se trouvent en grand nombre dans ce pays.

« Le buffle, à l'état sauvage, est fort et agile autant que
farouche; on a de la peine à le soumettre à la domesticité, car
il s'irrite facilement, et alors il devient terrible.

« Sa chair est bonne, mais pourtant moins délicate que
celle du bison, une autre espèce de buffle très-estimée par les
chasseurs d'Amérique. La bosse du bison est le morceau le
plus délicat que l'on puisse manger, surtout lorsque l'animal
est fraîchement tué. Les chasseurs creusent un trou dans la
terre, puis ils y jettent tout le bois qu'ils peuvent ramasser,
et y mettent le feu. Quand cette sorte de four est brûlant, ils
retirent le bois consumé en charbon, y déposent la bosse du
bison enveloppée de feuilles aromatiques, puis la recouvrent
de cendres brûlantes et de braises enflammées. La bosse de
bison, cuite ainsi, est un rôti savoureux que l'on coupe en
tranches, et d'où s'échappent le jus concentré et le parfum
pénétrant, faisant un mets exquis à la fois pour le palais et
pour l'odorat...

« Mais cette description gastronomique me fait songer au
dîner qui nous attend à la maison. Il est grand temps de
partir; nous reviendrons jeudi prochain si le ciel est beau.

— Et qu'aurons-nous à voir?

— Les rongeurs, les kangurous, qui ne sont pas les moins
amusants des hôtes de ce jardin. »

# CINQUIÈME VISITE

LES KANGUROUS. — LES CARNASSIERS. — LES RONGEURS.

Le jeudi suivant, M. Dumay, sa sœur et sa fille arrivèrent dès midi, et, suivant l'allée sablée qui contourne à gauche le jardin en passant devant la serre, l'aquarium, le rocher et les écuries, parvinrent à la cabane des marsupiaux, où sont installées toutes les espèces de kangurous, les sarigues et les phascolomes.

Comme de coutume, une foule considérable de promeneurs était répandue dans toutes les parties du jardin; mais les abords de l'habitation des kangurous étaient littéralement encombrés. Trois ou quatre rangs pressés de visiteurs entouraient le grillage, paraissant regarder avec beaucoup d'intérêt le spectacle qu'ils avaient sous les yeux.

Jane, curieuse, voulut s'avancer et tâcher de se faufiler dans la foule; mais son père la retint.

« Nous reviendrons quand il y aura moins de monde; en attendant faisons le tour de ce parc, et donnons un coup d'œil aux diverses variétés de marsupiaux : c'est le nom général

que l'on donne, en histoire naturelle, aux espèces de kangurous et de sarigues.

« Voici le *kangurou robuste*, qui te donnera l'idée de la
conformation de ces animaux. Ses pattes de devant sont
extrêmement courtes, et lui servent beaucoup plus à prendre
ses aliments qu'à l'aider dans sa marche. De cet office sont
chargées ses longues pattes de derrière et sa longue et forte
queue.

« Tiens! en ce moment il s'avance, tu peux voir sa façon
de se mouvoir. Ce n'est pas un marcheur, c'est un sauteur.
Ses petites pattes touchent à peine le sol, tandis qu'il s'élance
par bonds sur ses pattes de derrière repliées, et se développant
comme un ressort qui se détend. Sa queue, appuyée à terre
comme un levier élastique, ajoute à l'élan, et lui donne une
impulsion nouvelle. Grâce à ce point d'appui, il peut franchir
d'un seul bond des espaces considérables.

— C'est fort curieux, en effet, s'écria Jane; et, malgré la
disproportion de ses quatre membres, dont les deux premiers
sont trop courts et les deux autres trop longs, l'animal n'en
a pas moins un aspect agréable. Sa tête est fine, mobile et
mignonne.

— Les kangurous sont très-doux, très-craintifs, et ils
s'apprivoisent facilement. Leur chair est exquise, et leur
acclimatation, qui est maintenant un fait acquis, nous donnera, quand ils seront propagés, un nouveau gibier très-
agréable et très-délicat. Je ne parle pas du parti qu'on pourra
tirer de leur peau et de leur fourrure, notamment de celle du
*kangurou laineux*.

« Voici le *kangurou rat*, gracieux dans sa petite taille,
d'une couleur plus foncée que les autres. Il est originaire
d'Australie.

« Puis maintenant cet autre, auquel sa grande taille a fait

10

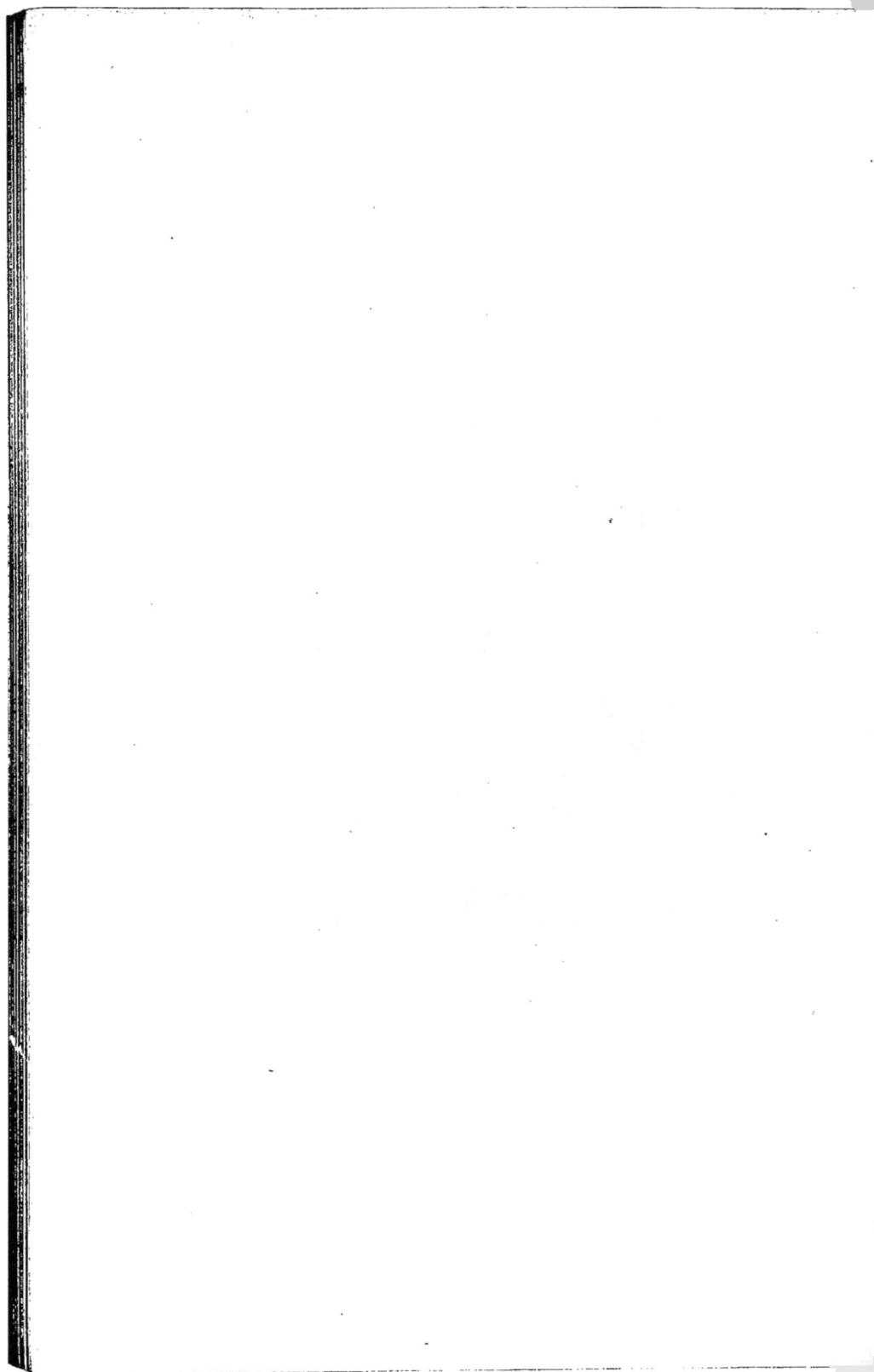

donner le surnom de *géant*. Son pelage est doux et d'une jolie couleur gris clair. »

M. Dumay, s'avançant vers l'endroit où étaient agglomérés les visiteurs, se haussa sur la pointe des pieds, et put apercevoir la cause des exclamations et de la curiosité générale.

« Eh bien? demanda Jane.

— Nous allons voir une des particularités les plus intéressantes de la structure de ces animaux. Asseyons-nous un instant sur ce banc; les curieux ne tarderont pas à se disperser, et nous pourrons nous approcher.

« Te souviens-tu, ma chère enfant, de cette fable de Florian, où il est question des kangurous?

— Comment l'aurais-je oubliée, bon père; ne m'as-tu pas souvent répété que cette fable était un petit chef-d'œuvre de grâce, de sentiment et d'exquise morale?.. Ce sont tes expressions.

— Et d'ailleurs, ajouta la tante, Jane a toujours été frappée de l'histoire de cette mère sarigue, dont les petits se blottissent dans la poche naturelle qu'elle porte sur le ventre, comme un véritable tablier replié.

— Eh bien! fit M. Dumay, dis-nous un peu cette fable; je l'entendrai avec plaisir, et puis je ne serai pas fâché de voir si tu conserves ce petit talent de bien dire que tu as acquis, grâce à ta tante. »

Jane devint rose de plaisir en entendant cet éloge de son père, qui n'était pas complimenteur. Placée entre sa tante et lui, elle récita, avec un plaisir manifeste et d'une façon fort agréable, les vers suivants :

> Maman, disait un jour à la plus tendre mère
> Un enfant péruvien sur ses genoux assis,
> Quel est cet animal qui, dans cette bruyère,
> Se promène avec ses petits?

Il ressemble au renard. — Mon fils, répondit-elle,
　　Du sarigue c'est la femelle :
　　Nulle mère pour ses enfants
N'eut jamais plus d'amour, plus de soins vigilants.
　　La nature a voulu seconder sa tendresse,
　　　　Et lui fit près de l'estomac
　　Une poche profonde, une espèce de sac,
　　　　Où ses petits, quand un danger les presse,
　　　　Vont mettre à couvert leur faiblesse.
Fais du bruit, tu verras ce qu'ils vont devenir.
L'enfant frappe des mains ; la sarigue attentive
　　　　Se dresse, et, d'une voix plaintive,
Jette un cri ; les petits aussitôt d'accourir,
　　　　Et de s'élancer vers la mère
En cherchant dans son sein leur retraite ordinaire.
　　　　La poche s'ouvre, les petits
　　　　En un instant y sont blottis.
Ils disparaissent tous : la mère avec vitesse
　　　　S'enfuit emportant sa richesse.
La Péruvienne alors dit à l'enfant surpris :
　　　　Si jamais le sort t'est contraire,
Souviens-toi du sarigue, imite-le, mon fils :
L'asile le plus sûr est le sein d'une mère.

« C'est bien, ma chère enfant ; je suis content de voir ta mémoire si fidèle.

— Cette fable est vraiment charmante ! fit la bonne tante émue.

— Maintenant, reprit Jane en se levant, allons voir la sarigue. Il me semble qu'il y a moins de monde devant son grillage... Oh ! venez vite... La sarigue a des petits, comme dans la fable de Florian ! »

M. et M<sup>lle</sup> Dumay sourirent, et se hâtèrent de suivre la jeune fille qui marchait en avant.

La sarigue, en effet, venait familièrement, appuyée sur ses deux longues pattes de derrière, prendre le pain des mains

tendues vers elle, et ne se retirait pas quand on caressait sa
tête fine et si douce au toucher.

On pouvait voir alors très-distinctement sortir de sa poche
abdominale tantôt une petite oreille, tantôt une queue, et
bientôt deux longues pattes. A plusieurs reprises apparut
une petite tête fûtée qui rentrait aussitôt.

« Le petit coquin craint d'avoir froid, dit Jane vivement
intéressée : il se trouve sans doute mieux sous la fourrure de
sa mère.

— Ce n'est pas cela seulement, reprit M. Dumay. Ce petit
animal est là depuis qu'il est né, et n'en sortira que lorsqu'il
sera assez grand et assez vigoureux. Dans quelques jours,
il descendra de son nid pour s'ébattre auprès de sa mère ;
mais à la moindre inquiétude, à la moindre apparence de
danger, il rentrera dans le sein de sa chère nourrice, dont
il trouve sous sa bouche, sans avoir besoin de faire un mouvement, les mamelles gonflées de lait.

« A notre prochaine visite, nous pourrons le voir sortir,
gambader et rentrer cent fois en un instant, sans que sa
mère patiente ait l'air de s'en fâcher. »

On eut de la peine à arracher Jane au spectacle de ce petit
être remuant, qui ne cessait d'entr'ouvrir sa poche pour
mettre à l'air son fin museau ou ses longues pattes.

M. Dumay venait de proposer à sa sœur une visite aux
chiens, peu nombreux encore, mais dont la direction du
jardin va prochainement accroître le nombre, en vue de
conserver certaines espèces qui deviennent rares et menacent
de se perdre.

On se dirigea donc vers le chenil, formé d'une rotonde
couverte, entourée de grillages épais et élevés.

Deux magnifiques lévriers s'élancèrent aussitôt de l'inté-

rieur vers les promeneurs qui s'avançaient de leur côté. Leur
pelage soyeux et épais, blanc, marqué de taches d'un noir
gris, leurs formes sveltes et élégantes, leur grande taille, et
cette attitude intelligente particulière à l'espèce canine, les
firent tout d'abord distinguer des autres chiens que renferme
la rotonde.

« Les belles bêtes! s'écria Jane.

Grand lévrier de Sibérie.

— Ce sont les *lévriers de Sibérie*, envoyés par le Jardin
d'acclimatation de Moscou. Ils ne le cèdent en rien, comme
beauté, aux lévriers danois, que l'on recherche tant et que
l'on paie si cher. Vois comme leur taille est élevée. Malgré
leurs formes allongées et élégantes, ils sont d'une vigueur
nerveuse peu commune; aussi les emploie-t-on en Russie
pour chasser le loup, chasse dangereuse, où l'on a affaire à
des loups affamés réunis en troupes nombreuses pour attaquer
ou se défendre.

— Et ce boule dogue fauve, court et large, qui porte comme un masque noir, quelle est son origine ?

— Il vient d'Espagne ; c'est un descendant de cette fameuse race de limiers chassant la chair humaine, et que les Espagnols ont employés jadis dans leurs guerres contre les Indiens. Encore aujourd'hui, ils servent, dans les colonies, à la poursuite des nègres marrons.

Dogue espagnol.

— C'est une épouvantable chose que de faire chasser des hommes par des chiens ! s'écria avec indignation M<sup>lle</sup> Dumay.

— En Europe, on emploie mieux la force extraordinaire de ces boule dogues : ils servent à chasser le sanglier.

— Et celui-ci ? et celui-là ? » demandait Jane en distribuant du pain à une foule de gueules, dans lesquelles les morceaux disparaissaient comme par enchantement.

« Un instant, n'allons pas si vite, répondit M. Dumay ; mettons un peu d'ordre dans notre inspection, et voyons

chacun à son tour. Nous avons commencé par les chiens utiles
à l'homme comme carnassiers, continuons par les chiens de
berger et de garde, qui le servent encore par leur force et
leur vigilance; puis viendra la race si intelligente des chiens
caniches et barbets. Les bichons de luxe et d'appartement
viendront en dernier lieu; car ce sont les moins intéressants.

Le chien du berger.

— J'en vois cependant de fort jolis, objecta Jane.
— Tenez, fit M. Dumay, il n'y en a pas de plus beau que
celui-ci. Voyez ce corps vigoureux et alerte, cette robe blanche
et soyeuse, marquée çà et là de taches fauves ou noires!
Et cette tête si largement intelligente, éclairée par deux yeux
brillants : c'est le grand chien des Pyrénées, le vigilant gardien des troupeaux et des bergers; il les protége et les défend contre les loups, les oiseaux de proie, et même contre
les ours.

« Le *chien de Gavarni*, le grand *barbet du Thibet*, au long poil rude et touffu, sont aussi de fidèles serviteurs. L'*épagneul*, le *barbet* et le *caniche* sont bien connus par leur intelligence, et surtout par leur fidélité extrême envers leurs maîtres.

« C'est à l'une de ces races qu'appartenait ce pauvre bon chien dont tous les journaux ont conté dernièrement l'histoire touchante.

« Une nuit, des sergents de ville traversant le pont des Invalides trouvent un chien couché sur le trottoir. Ils l'appellent, le caressent; le chien répond par un gémissement plaintif et douloureux. On s'approche, et on l'examine avec soin pour savoir s'il n'est pas blessé. Le pauvre animal n'avait aucune blessure; mais il gémissait de chagrin sur la mort de son maître, qui s'était jeté à l'eau, et qu'il n'avait pu sauver. Après avoir plusieurs fois plongé vainement, le chien fidèle était revenu, désolé, se coucher sur le pont près du chapeau qui avait appartenu à son maître. Pour l'arracher à ce dernier souvenir de celui qu'il avait perdu, il fallut l'emporter de force.

« Les services que rend à l'homme l'espèce canine sont innombrables : le chien chasse le gibier malfaisant ou utile; il est le gardien fidèle des troupeaux; il défend des attaques nocturnes la maison isolée; il est l'ami, le compagnon de l'exilé, et quelquefois le soutien, le guide et le gagne-pain des malheureux.

« Et le chien du mont Saint-Bernard, qui seul, guidé par son instinct, va dans les montagnes découvrir les malheureux voyageurs engloutis dans la neige; il les dégage, les réchauffe, et, par ses aboiements prolongés, appelle à leur secours. Et le Terre-Neuve, qui se jette à l'eau non-seulement pour sauver son maître, mais encore pour sauver l'homme inconnu qui se noie.

« L'histoire du chien est très-riche de faits d'intelligence, de courage, de fidélité, de dévouement. Pourquoi faut-il que cet animal soit sujet à la plus terrible et à la plus dangereuse des maladies : la rage !

« Le Jardin d'acclimatation doit prochainement posséder des spécimens de toutes les espèces intéressantes, et un vaste chenil va être construit en vue de cette création.

« C'est la race de ce barbet qui a donné naissance à tous ces petits chiens havanais, frisés, peignés, lissés et parfumés qui habitent le salon, et qui s'ébattent, à la promenade, sur les coussins d'une voiture. Je préfère encore la levrette fine et élégante à ces petits paquets de laine blanche immobile, ornés quelquefois d'un ruban rose ou bleu.

— On a vu de vieilles filles comme moi, mais un peu plus folles, fit M^lle Dumay en souriant, attacher à la personne de leur levrette ou de leur bichon havanais un domestique chargé de le promener, de le coucher et de le faire manger comme un enfant.

« Je me souviendrai toujours de cette vieille douairière faisant prendre un bain de mer à son barbet, et recommandant au baigneur de le plonger avec précaution. A chaque vague un peu moutonneuse elle poussait des cris de détresse, croyant à chaque instant qu'Azor était submergé. Elle rentra enfin dans sa cabane, afin de prendre le lait sucré et la brioche destinés à l'intéressant animal au sortir du bain. Quelle fête alors pour le baigneur humilié, et quel spectacle, quels éclats de rire pour toute la galerie ! Azor fut abandonné à la vague, fort peu dangereuse du reste. Il se mit à barboter, puis à nager, et s'en tira fort bien, comme tous ses semblables en pareil cas. Le baigneur, pour se venger du rôle de baigneur de chien qu'on lui avait imposé, lui versa deux à trois seaux d'eau sur la tête ; mais Azor s'y retrouvait toujours, et rien n'était plus drôle que cette tête ahurie et mouillée sortant de l'eau.

« Les couvertures chaudes et les petits peignoirs de flanelle ne lui manquèrent pas, et chacun haussait les épaules et riait intérieurement en voyant la vieille dame, assise au soleil, essuyer les soies de son chien, tandis qu'une femme de chambre présentait à l'animal sa tasse de lait et sa brioche.

« Mais voici un chien plus intéressant : le caniche, le chien

Caniche.

français par excellence, le chien du régiment, aussi bien que de l'atelier et de la famille. C'est le chien qui saute pour le roi et qui aboie pour l'ennemi ; c'est lui qui fait les commissions de l'ouvrier : il apporte le petit pain et la saucisse que la marchande a soigneusement déposés dans le panier qu'il porte à son cou. Enfin cet animal si intelligent s'attache si vivement à son maître, que son nom de caniche est devenu synonyme de fidélité. »

Pendant que parlait son père, Jane s'amusait à donner du pain à trois ou quatre chiens noirs de petite taille, aux membres nerveux organisés pour la course.

« Les chiens lapons que tu caresses en ce moment, dit son père, rendent à peu près les mêmes services que les rennes. On les attelle par cinq ou six paires à un traîneau. A la tête de l'attelage marche un chien conducteur, sur la douceur et la fidélité duquel on croit pouvoir compter. Les rênes, passées dans les colliers de peau d'ours que les chiens portent au cou, ne servent guère à la direction ; c'est à l'aide d'un bâton recourbé, orné de courroies de diverses couleurs, que l'homme placé sur le traîneau dirige tout l'attelage. Pour mener à droite, il frappe de son bâton le côté gauche du traîneau, et du côté opposé pour mener à gauche. Il pose le bâton sur l'avant, s'il veut s'arrêter.

« Un pareil attelage n'est pas précisément facile à conduire. Ces chiens, à demi sauvages, s'emportent facilement ; et, s'ils ne sentaient le bâton-fouet du maître, ils n'obéiraient point à sa voix. Du reste, les caresses, aussi bien que les menaces, leur sont indifférentes. Quand on les attelle, ils poussent des aboiements épouvantables, et une fois lancés, il est très-difficile de les arrêter. Si le voyageur, — le traîneau ne peut contenir qu'une seule personne, qui s'assied en travers, les jambes tournées à droite, afin de pouvoir descendre plus aisément dans les endroits dangereux, — si le voyageur tombe, les chiens n'en continuent pas moins leur course plus rapidement encore, jusqu'à la station où ils ont coutume de s'arrêter. Il est vrai que l'on spécule sur leur appétit ; on ne leur donne à manger qu'à l'arrivée, et ils justifient bien le proverbe de : « Ventre affamé n'a pas d'oreilles. » C'est le déjeuner ou le dîner qui les préoccupe et précipite leur course, et non pas le bien-être de celui qu'ils traînent.

« Il faut bien avouer que cette façon de voyager ne vaudra jamais celle que nous connaissons : voiture de poste, diligences ou chemins de fer. Certes, il est assez pittoresque de se voir

Traineau tiré par des chiens.

entraîné sur un sol de neige, avec une vitesse de cinq à six
lieues à l'heure, par un pareil attelage; mais que de désa-
gréments! D'abord on est perpétuellement exposé au froid
vif et piquant, augmenté encore par la rapidité de la marche.
Si bien qu'on soit enveloppé de fourrures, il faut être habitué
à la rude température de ces contrées pour ne pas périr de
froid en route. Les traîneaux ne sont ni fermés ni couverts,

Lapons surpris par un ouragan de neige.

afin d'opposer le moins de résistance possible à l'air. En outre,
quand on traverse des bois encombrés de branches et de
broussailles, il faut à chaque instant garer son visage, ses
bras et ses jambes, et les chiens semblent alors se complaire
à augmenter votre embarras en précipitant leur course fu-
rieuse. Souvent aussi on est surpris par des ouragans et des
trombes de neige. Alors il faut, sous peine d'être enseveli

vivant, chercher un refuge dans les bois. On arrête les chiens, on installe avec des branchages une sorte d'abri improvisé, et on attend que la tempête soit passée. Quand on est surpris dans les vastes steppes où pas un arbre, pas un rocher ne se présente à dix lieues de distance, il ne reste d'autre abri qu'un tas de neige où l'on se creuse un trou. Le voyageur se couche là, enveloppé dans ses fourrures et son manteau, entouré de ses chiens, qui le réchauffent mieux que le meilleur édredon. Mais il doit bien prendre garde de ne pas se laisser enfouir sous la neige, qui, s'amoncelant sans cesse, pourrait obstruer l'entrée de son refuge.

« Les étrangers ne s'accommodent guère de ces voyages; et Steller, qui a fait une longue excursion dans ces contrées, affirme qu'un court voyage en traîneau lui était cent fois plus pénible qu'une longue course à pied, et qu'il arrivait habituellement aux stations aussi fatigué que les chiens.

« On prétend que ces chiens peuvent franchir des espaces de cent cinquante à deux cents kilomètres par jour quand la route est bonne, et que la neige durcie offre un traînage lisse et solide.

— Brrr..., fit Jane, que ce récit intéressait vivement; j'ai froid rien qu'à l'entendre : il me semble que je suis dans la neige jusqu'au cou.

— Heureusement, dit en souriant M$^{lle}$ Dumay, que nous sommes ici dans un excellent pays, et en plein printemps : les arbres sont empanachés de verdure, les fleurs répandent dans l'air leurs chaudes émanations parfumées, et les oiseaux chantent à plein gosier. Que nous sommes loin de ces tristes contrées septentrionales dont ces chiens viennent de nous rappeler un instant le souvenir !

— Dirigeons-nous maintenant du côté des rongeurs.

— Voici, dit M$^{lle}$ Dumay en cherchant dans son sac, quelque chose que messieurs les *porcs-épics*, les *agoutis* et les *tatous* rongeront avec infiniment de plaisir.

— Du sucre ! s'écria M. Dumay en riant : tu penses à tout, ma chère Ernestine. Tu vas voir les petites mines de l'*akouchi* quand il goûtera ce bon sucre !... Nous voici justement arrivés à sa cabane. »

Akouchi.

Un petit animal, un peu plus gros qu'un écureuil, au pelage d'un joli brun lustré, accourut légèrement sur quatre petites pattes fines et déliées.

M. Dumay fit remarquer sa tête allongée, son museau si proéminent, que sa bouche semble être placée sous le menton.

L'akouchi, flairant le sucre, se dressa contre le grillage, et on put admirer la fine fourrure orangée de son ventre.

Le petit morceau de sucre fut saisi ; l'akouchi tourna le dos au visiteur, comme un gourmand qui a honte et se cache de son péché de gourmandise, et, assis sur ses deux pattes de

11

derrière, il se mit à ronger le sucre, fort adroitement aidé de ses petites pattes de devant. On entendait très-distinctement le grignotement de ses dents sur le sucre. Le morceau croqué, il revint en demander un autre, qui lui fut aussitôt octroyé généreusement.

Mais alors nos trois visiteurs assistèrent à un spectacle des plus amusants. L'akouchi, ayant flairé et retourné le second morceau de sucre, s'éloigna un peu, le portant dans sa bouche, creusa fort vivement d'une de ses pattes un petit trou dans le sable, y déposa soigneusement le sucre, et le recouvrit avec la terre déblayée, en prenant la précaution d'unir et d'égaliser le sol.

Après quoi il vint quêter un autre morceau.

Une seconde fois il recommença le même manége, à la grande joie de Jane, qui riait et s'amusait beaucoup de ses mouvements empressés.

« Il garde une poire pour la soif, s'écria-t-elle en riant. Voilà un petit animal aussi économe que bien élevé. Décidément il ne veut pas qu'on ait de lui mauvaise opinion, et qu'on le prenne pour un glouton : il se cache pour manger le premier morceau, et attend, pour croquer le second, que nous soyons partis.

— Il semble, en effet, dit M<sup>lle</sup> Dumay, se préoccuper beaucoup de l'opinion publique, et tenir particulièrement à ce qu'on ignore ses petits péchés.

« De l'autre côté du grillage, voici les *agoutis,* de la même famille, mais plus grands que les akouchis. Comme eux, ils sont doux, faciles à apprivoiser. Leur fourrure est employée dans l'industrie, et leur chair est une des plus délicates que l'on puisse manger.

« Ils s'acclimatent parfaitement ici, et ils ont donné de nombreux rejetons. Ce sera plus tard un animal plus estimé que le lapin domestique. Leur nourriture se compose, comme celle de ce dernier, d'herbes et de racines.

— Oh! fit M^{lle} Dumay en s'avançant vers le grillage suivant, je reconnais les petits *cochons d'Inde.* Quelles drôles de petites bêtes, et comme leur robe, marbrée de larges taches fauves et blanches, est jolie et proprette!

« Encore un rôti pour nos tables; mais il est peu estimé : sa fécondité, encore plus grande que celle du lapin, fait son seul mérite.

Cabiai.

« Mais voici le *cabiai* ou *cochon d'eau*, qui nous vient de l'Amérique du Sud, et qui est bien meilleur.

« Le cabiai se creuse une jolie demeure au bord des marais, et se nourrit de roseaux et de racines.

« Nous allons voir maintenant l'habitation des lapins, adossée au côté droit des écuries. Mais d'abord sur notre passage se trouve le *lièvre changeant* que voici. Fort commun en Russie, il est assez rare en France, où il ne se trouve que dans les Alpes et les Pyrénées.

« Vous voyez sa fourrure, d'un gris fauve, noire à la queue; eh bien, l'hiver, elle devient blanche comme la neige.

— C'est sans doute cette singularité qui lui a fait donner le nom de lièvre changeant. Cette fourrure est jolie.

— Elle est très-estimée, parce qu'elle sert principalement à faire les imitations d'hermine.

— Oh! les jolis lapins! s'écria Jane. Quelle variété! J'en vois de toutes les couleurs : des blancs, des jaunes, des bleus et des gris.

— Oui; le belge bleu, le chinois, le lapin de Sibérie, le lapin-bélier, armé de deux petites cornes.

— Et quel est le nom de celui-ci, qui ressemble à une grosse boule de duvet de cygne?

— C'est le *lapin Angora*. On cherche ici à réunir et à propager les variétés de lapins qui pourraient le plus avantageusement remplacer notre lapin domestique, dont la chair est très-ordinaire, en raison, du reste, de la nourriture qu'on leur donne. Rappelle-toi les deux vers satiriques de Boileau sur les lapins domestiques :

> Qui, dès leur tendre enfance élevés dans Paris,
> Sentaient encor le chou dont ils furent nourris.

« Le lapin à l'état sauvage, appelé *lapin de garenne*, ne ressemble en rien à ce pauvre brouteur de choux. Il est plus petit; mais sa chair est fine, et possède un fumet sauvage et délicat que lui ont communiqué les plantes aromatiques dont il se nourrit.

« On utilise la fourrure et la peau du lapin de mille façons diverses. On en fait des gants, des casquettes, des chancelières, même des manchons; ensuite et surtout des jouets d'enfants;

car les petits moutons, les toutous, les minets, toutes ces petites bêtes mécaniques qui aboient, miaulent, bêlent, piaulent,
exposées dans les vitrines des magasins de joujoux, sont
généralement recouvertes en peau de lapin. »

En causant, on était arrivé au quartier du *porc-épic*. L'é-
trange animal, bardé de ses aiguilles mi-blanches, mi-noires,
se promenait majestueusement dans son préau, assez semblable à un îlot de piques rangées sur un océan vert.

Porc-épic de Java.

Il semblait tout fier de sa parure piquante, et l'étalait avec
orgueil aux yeux des visiteurs.

Jane, à la vue des plus grosses aiguilles de l'animal, se
souvenant du porte-plume léger dont elle se servait habituellement, n'eut pas besoin de demander quel usage l'industrie faisait de la fourrure du porc-épic.

Dans sa marche, ridiculement pompeuse, il s'approcha
assez près du grillage pour qu'elle pût saisir un de ces
piquants.

L'animal s'enfuit en hérissant ses précieux dards, et en faisant entendre un bruit de clochettes qui étonna fort la jeune fille.

M. Dumay lui fit remarquer alors que ce bruit était produit par le frétillement de la queue du porc-épic. Cette queue, fort courte, est composée d'un faisceau de petits tubes mi-blancs, mi-bruns, qui, dans le mouvement que fait l'animal lorsqu'il est en colère, se heurtent et se choquent en produisant à peu près le même bruit qu'une gerbe de tubes de verroterie qu'on agite.

« Le porc-épic, dit M. Dumay, est inoffensif; quand il voit s'avancer un ennemi, il agite son espèce de sonnette, non pas pour se défendre, mais pour jeter la terreur dans l'âme de son ennemi. Si ce moyen ne réussit pas à intimider ce dernier, il replie ses pattes et sa tête de façon à ne plus présenter, sur toutes les faces, que l'apparence d'une boule hérissée de piquants, quelque chose comme l'enveloppe d'une châtaigne. Alors qui s'y frotte s'y pique. Le voilà caché dans son armure d'aiguilles, inattaquable comme dans une forteresse imprenable, attendant patiemment que l'ennemi, — bien vite dégoûté de sa poursuite par les piquants acérés et durs qui entrent dans sa chair, — ait abandonné cette conquête impossible.

— Cette armure est bien commode, fit Jane. Mais je me demande pourquoi cet animal étrange a sa place au Jardin d'acclimatation : il est curieux; mais à quoi peut-il servir?

— D'abord, comme tu l'as reconnu toi-même tout à l'heure, ses longs piquants sont utilisés par l'industrie; ensuite sa chair est excellente.

— Eh quoi! encore la question de gourmandise!

— Parfaitement; non pas affaire de gourmandise, mais affaire d'alimentation; car le but de la Société d'acclimatation est d'introduire chez nous, autant que possible, tous les éléments de richesse, d'utilité et de bien-être que peuvent nous procurer toutes les contrées du monde. Le porc-épic nous fournit un mets excellent; de plus, dans nos jardins et dans nos champs, il peut rendre de réels services en détruisant les rats, les mulots et les souris. Du reste, sa propagation n'exige aucun soin, et il est sobre et facile à nourrir.

— Maintenant je voudrais bien voir les *tatous*, dit Jane qui commençait à se lasser de taquiner le porc-épic, et de lui faire agiter sa sonnette.

— Ils sont là-bas dans une jolie maisonnette entourée d'un grillage; je vais t'y conduire. »

Quelques minutes après, nos visiteurs s'arrêtaient devant l'habitation des *tatous*.

Les deux hôtes se promenaient paisiblement sur le préau sablé qui entoure circulairement leur logis.

Ceux-là portent aussi une armure; mais cette armure est une véritable cuirasse, dure comme celle des tortues. Au lieu d'être tout d'une pièce, elle se compose de bandes transversales articulées, reliées entre elles par une membrane épaisse et forte, qui permet à chaque bande de se rapprocher de la bande voisine, de façon que le tout forme, en cas de besoin, une carapace solide, capable de résister à tous les chocs.

« Dieu! qu'ils sont laids! s'écria Jane. Je ne pense pas qu'on fasse d'eux un délicat comestible, comme du porc-épic?

— C'est encore ce qui te trompe. La chair des tatous est comestible.

— Eh bien! reprit Jane, j'avoue que cette peau grise et molle que je vois là sous leur ventre, et qu'ils traînent sur le sable, ne me tente guère. »

En ce moment, en effet, l'un des tatous auxquels M^lle Er-

nestine Dumay présentait un morceau de sucre s'était dressé
le long du grillage, et montrait toute la partie inférieure de
son corps garnie d'une peau molle et noirâtre.

« La chair des tatous, ajouta M. Dumay, est cependant délicate et savoureuse. Ces animaux, qu'on a si bien acclimatés
en France, se trouvent en grand nombre à la Guyane et au
Brésil, où l'on en fait le plus grand cas. Ils sont tout à fait
inoffensifs et sans défense. Ils n'ont pour les protéger, comme
la tortue, que la carapace qui recouvre toute la partie supérieure du corps, depuis la tête en fer de lance jusqu'à l'arrière.
Du reste, comme ils rampent autant qu'ils marchent, cette
cuirasse est une armure suffisante.

« Remarque les ongles durs et puissants qui arment leurs
pattes. Ils ne s'en servent pas pour se défendre, mais bien
pour se creuser des terriers obliques et profonds d'un mètre
au plus, où ils se tiennent bien tranquilles, ne sortant que le
matin et le soir afin d'aller chercher quelques graines ou quelques racines pour leur nourriture. Ils sont aussi très-sobres,
et peuvent, dit-on, rester jusqu'à deux mois sans manger.

— On ne s'en douterait guère, à voir avec quelle vivacité
gourmande ils croquent nos morceaux de sucre. C'est un vrai
plaisir de les voir se disputer les dernières bribes en se bous-
culant comme des gamins au milieu desquels on jette une
pièce de monnaie, et allongeant les griffes pour ramener à
portée de leur bouche les morceaux égarés dans la lutte.

— Certains philosophes, fit en riant M^lle Dumay, ne man-
queraient pas de dire à ce propos que la civilisation les a
gâtés, et a transformé leurs qualités en défauts. »

La provision de sucre passa tout entière dans l'estomac de
messieurs les friands tatous. Ils paraissaient extrêmement
reconnaissants du dessert qu'on venait de leur offrir, et ils
suivirent tout autour du préau les généreux visiteurs. N'eût

été l'obstacle formé par le grillage de l'enclos, il est probable qu'ils les eussent accompagnés jusqu'à la porte du jardin, comme pourraient le faire deux caniches bien élevés et reconnaissants.

Avant de partir, M. Dumay conduisit sa sœur et sa fille du côté des écuries.

Guépard.

« Je veux vous montrer un animal que vous n'avez pas vu encore.

— Ah ! s'écria M^lle Dumay, je suis sûre que je le devine : c'est sans doute du *guépard* que tu veux parler ?

— Justement.

— Et tu as raison d'y penser. Le guépard est le seul animal un peu fauve qui ait été reçu au jardin.

— Remarque qu'on a pris la précaution de placer une barrière pour empêcher les visiteurs d'approcher de son grillage. Le voici : nous pouvons le regarder à loisir.

« — Oh! mais il a l'air véritablement féroce! s'exclama Jane. Notre vue l'irrite sans doute; car il s'élance et bondit comme un tigre d'un bout à l'autre de sa cage avec une incroyable légèreté.

— Aussi les Arabes l'emploient-ils à la chasse de la gazelle et de l'autruche. Sa tête ronde, ses mouvements félins, ses pattes musculeuses et sa robe fauve tachetée de noir, montrent qu'il appartient à l'espèce des léopards. Voyez-le courir et s'élancer; ainsi fait-il à la chasse de ces jolies bêtes qu'on nomme gazelles. Il bondit sur elles, les atteint de ses griffes et de ses dents terribles, et le chasseur qui l'a dressé à ce jeu cruel arrive et lui arrache sa proie.

— Chère père, j'aime mieux les chamois et les rennes. Quoique leur robe soit plus commune, ils sont sociables et utiles à l'homme.

— Maintenant, dit M. Dumay, notre visite est complète : nous pouvons partir. »

# SIXIÈME VISITE

## LA MAGNANERIE. — LE RUCHER.

La magnanerie du Jardin d'acclimatation, construite à droite en entrant, se trouve exposée au plein midi; car il faut une température douce et tiède aux étranges insectes qu'elle est chargée de contenir.

M. Dumay, avant de pénétrer dans l'intérieur du bâtiment, montra à sa sœur et à sa fille les plantations de belle venue multipliées aux alentours, plantations indispensables pour la nourriture des bombyx ou vers à soie.

D'abord le mûrier noir, puis en plus grand nombre le mûrier blanc, lequel leur convient encore mieux.

Ces deux sortes de mûrier sont originaires de la Chine. Le mûrier blanc fut introduit en Europe par deux moines grecs, qui rapportèrent de l'Inde des œufs de ver à soie et de la graine de ce mûrier, cachés dans leurs bâtons de voyage.

L'écorce du mûrier blanc et du mûrier noir contient des fils textiles, avec lesquels on peut fabriquer des toiles d'un fort bon usage et des cordages. Leurs fruits sont nourrissants, et surtout rafraîchissants; ceux du mûrier noir servent à colorer le vin et à composer le sirop de mûres, employé avec efficacité dans les maladies de la gorge.

Les feuilles de mûrier sont la seule, l'indispensable nourriture du ver à soie domestique, qu'on élève aujourd'hui dans le midi de la France et de l'Europe, où l'on a créé de vastes établissements, qui prennent chaque jour une plus grande importance.

Ce n'est pas le ver qui fait la richesse des magnaneries, c'est la feuille du mûrier.

Aussi les Italiens, dans leur enthousiasme, appellent-ils le mûrier *l'albero al foglio d'oro*, l'arbre à la feuille d'or.

A côté des mûriers on voit *l'ailante*, appartenant à la famille des sumacs, arbres qui croissent dans l'Amérique du Nord.

On fait d'importantes plantations d'ailantes dans les squares de Paris et le long de certains boulevards; car ces arbres aiment un sol pierreux.

L'*ailante glanduleux* est celui que préfère le bombyx, dit de l'*ailante*.

Puis le *ricin,* de la famille si nombreuse des buis, appelé aussi *main-du-Christ,* à cause de la forme palmée de ses feuilles. Les graines de cet arbre ont une propriété excessivement irritante. La pharmacie en extrait une huile purgative très-connue, dont on fait aujourd'hui un fréquent usage. Le bombyx du ricin est originaire du Bengale; on le trouve aussi dans presque toutes les Indes anglaises.

Enfin les chênes, dont deux espèces, nommées *cuspidé* et *pédonculé* de la forme de leurs feuilles, sont préférées du bombyx vivant sur ces arbres.

Mlle Dumay fit aussi remarquer à Jane des jujubiers indiens, appartenant à la même famille que les nerpruns, dont elle lui avait parlé au Jardin d'expériences; puis des ormes, des saules, et plusieurs autres arbres nécessaires à l'alimentation des différentes espèces de vers renfermés dans la magnanerie.

« Tout à l'heure, dit M. Dumay à Jane, je t'ai parlé de deux moines grecs qui apportèrent en Europe des œufs de vers à soie; mais il est bon de te faire connaître l'homme qui introduisit et développa en France l'industrie de la soie : Olivier de Serres.

« Au xvi° siècle vivait en France, dans le Vivarais, cet homme d'une intelligence remarquable, qui fut le patriarche de l'agriculture française.

« Retiré au Pradel, propriété située au bas de la montagne du Coiron, Olivier de Serres ne trouvait de paix et de bonheur que dans la vie des champs. C'est au Pradel qu'il étudia la culture des terres, et c'est là qu'il devina quels avantages pouvait un jour apporter à son pays la culture du mûrier.

« En 1599, il publia un livre sur la cueillette de la soie. Le roi Henri IV, de populaire mémoire, auquel il adressa ce volume, en fut vivement impressionné, et invita Olivier de Serres à faire un essai de ces arbres précieux. Vingt mille mûriers furent envoyés par ses soins à Paris, où ils furent plantés en divers lieux, et notamment dans les jardins des Tuileries. Ils vinrent si parfaitement, qu'Olivier s'écria dans sa joie : « Voilà le commencement de la prospérité de la soie au cœur de la France! »

« C'est encore dans sa propriété du Vivarais qu'il composa son *Traité d'Agriculture*, livre immortel où, dans un style plein de charme et de simplicité, il raconte ses quarante années d'observations et d'expériences agricoles.

« Aussi les habitants du Vivarais sont-ils justement fiers

de leur illustre compatriote, et ont-ils voulu, en 1858, honorer sa mémoire, en élevant à Villeneuve-de-Berg, petite ville voisine du Pradel, une belle statue à Olivier de Serres, due au ciseau de M. Hébert, un de nos statuaires de talent.

— Le véritable pays de la soie, c'est la Chine, dit M^{lle} Dumay. Ces bienheureux Chinois sont vêtus de soie de la tête aux pieds. Les pauvres la portent comme les riches; seulement l'étoffe en est plus commune, sans apprêt, sans teinture; tandis que les riches se parent de merveilleuses soieries d'une fabrication et d'une teinture si excellentes qu'on les lave comme du linge, et qu'elles n'en sont ni moins brillantes ni plus pâlies pour cela. Témoin le fameux *jaune impérial*, si riche et si beau, que l'empereur de Chine et les grands mandarins avaient seuls le droit de le porter.

« En Chine, il existe une foule de plantes tinctoriales qui ne peuvent venir en Europe. Le climat est bien plus propice aussi pour la soie. Les éleveurs ne se donnent pas la peine de construire de vastes magnaneries, et d'avoir un grand nombre de domestiques pour élever les bombyx.

« Dans leurs propriétés, qui se composent surtout de vastes bois de mûriers, aussitôt que les feuilles naissent, ils déposent sur les branches de la graine, ou, pour mieux dire, des œufs de ver à soie. La chaleur du climat les fait éclore, et, sans autre guide que leur instinct, ils se répandent sur les feuillages, et il n'y a plus à s'en occuper.

« A l'époque où le ver devient un peu gros, des bergers ou domestiques, armés de longues perches, sont chargés d'écarter les oiseaux, très-friands de chenilles. Voilà donc les plus grandes peines des éleveurs, avec celle, toutefois, de récolter ces milliers de cocons précieux, dont plus tard les branches sont chargées.

« En Europe, les pluies si fréquentes, les refroidissements

subits de l'atmosphère ne permettent pas cette culture du
bombyx en plein air.

« Entrons maintenant dans la magnanerie, spécimen des
établissements remarquables qui sont une des richesses du
midi de la France.

Une Magnanerie dans le Midi.

« A voir cette longue salle, ornée seulement de cases en
bois plaquées au mur, dans chacune desquelles se trouvent
déposés les bombyx qui mangent des feuilles, on ne se douterait guère des soins minutieux et délicats, des prévoyances
continuelles qu'exigent ces insectes pour les amener à bonne

fin, c'est-à-dire à la filature du bienheureux cocon, espoir du propriétaire de la magnanerie. »

Jane regardait les chenilles blanchâtres, et paraissait stupéfaite de la rapidité de leur mastication. Les feuilles de mûrier disparaissaient à vue d'œil. Pendant cet examen, M. Dumay expliquait le travail et les exigences d'une magnanerie.

« Une magnanerie doit être munie d'un appareil de ventilation et de chauffage, employé selon l'âge des vers, et être tenue dans un état de propreté minutieuse. La graine est déposée chaque année, à la pousse des feuilles du mûrier, dans une vaste armoire chauffée à l'esprit-de-vin. Il faut que les vers naissent tous à la fois, ce qui a lieu généralement au bout de quatre jours.

— Sont-ils bien gros lorsqu'ils naissent?

— Pas plus que la moitié d'une petite fourmi. Mais ils ne restent pas longtemps en cet état; car, dans le premier âge, ils font déjà quatre repas par jour.

— Comment quatre repas?

— C'est-à-dire qu'on leur donne quatre fois des feuilles fraîches, et encore faut-il avoir le soin de les leur couper en petits morceaux; car ils sont trop jeunes pour mastiquer facilement.

« Ils engraissent, grossissent et deviennent luisants. Alors on les trie et on les sépare, l'espace qu'ils occupaient devenant trop étroit.

« Dans les grandes magnaneries, il y a des marchepieds roulants sur lesquels montent les femmes chargées du soin des bombyx. Il faut, en effet, les doigts délicats des femmes pour déliter des insectes si susceptibles, si délicats.

— Que signifie cette expression de déliter?

— Déliter le ver, c'est le changer de lit; et plus il grossit,

plus il devient important de renouveler fréquemment cette
opération délicate. Si, par exemple, on se contente de remettre
simplement une feuille fraîche sur les débris de l'ancienne,
on peut occasionner chez les vers des maladies qui les emportent. Adieu alors au beau cocon de soie.

— Comment! ces grosses vilaines chenilles, si uniment con-
formées, sont délicates à ce point!

— Attends, ce n'est rien encore, reprit M. Dumay; les
maladies occasionnées par le délitement peuvent être fort
bien évitées si l'on emploie des filets que l'on étend dans les
cases au-dessus des vers. L'insecte, qui sent la feuille fraîche
posée dans le filet, passe aussitôt à travers les mailles pour s'y
loger. Il ne reste donc plus dans les vieilles feuilles échauffées
que les morts ou les malades.

« Plus les vers grossissent, plus il leur faut de feuilles de
mûrier. Au moment de leur cinquième âge, ils mangent tellement, que la feuille posée devant eux disparaît à la minute.
Le bruit de leurs mandibules est tel, qu'en entrant dans une
magnanerie, on croit entendre le bruit d'une grosse pluie
tombant sur du carton épais.

« Alors si l'éleveur n'a pas prudemment fait une provision
de feuilles au delà du nécessaire, gare à sa récolte de soie!
Vers cette période, les vers sont sujets à une espèce de fringale que rien ne peut apaiser, fringale bien connue dans les
magnaneries, et qu'on appelle *frèze*.

— Quelle voracité! s'écria Jane.

— Le fait est qu'ils ne font que manger jusqu'au moment
où ils doivent travailler. Plus ils approchent de ce moment,
plus ils sont paresseux et gourmands. Il leur faut alors jusqu'à
six repas par jour. Ils se donnent le moins de mouvement
possible, mangeant tout le temps qu'ils ne dorment pas. Alors,
plus que jamais, l'opération de les déliter devient nécessaire,

et jusqu'à six fois par jour. Si on ne les séparait pas, ils deviendraient gênés, tellement ils grossissent.

« C'est à la fin du cinquième âge qu'ils commencent à se dégourdir. Ceci doit encore être prévu. L'opération s'appelle *cabaner*. On dispose, en forme de berceau, des branchages de genêt et de bruyère pour leur montée.

« La montée est le moment le plus intéressant pour la magnanerie. C'est celui qui va décider de la réalisation ou de l'anéantissement de toutes les espérances ; car si le ver monte activement jusqu'au haut, il fait son cocon ; s'il s'arrête, s'il retombe, il n'en fera pas. La montée dure trois à quatre jours.

« A ce moment, les moindres irrégularités de la température extérieure peuvent atteindre les vers, et en enlever un grand nombre. Tel est l'effet des brouillards, des grandes pluies ou des coups de chaleur désignés en Provence sous le nom de *touffe*.

« Mais quelle joie pour l'éleveur quand les vers sont arrivés, et qu'ils commencent à tisser le cocon ! C'est un plaisir de les voir travailler tous ensemble. Une heure après que les premiers cocons ont été commencés, on en compte des milliers.

« Le travail terminé, on enlève les précieuses broussailles chargées de soie. Cette soie fine, déliée, brillante, est tantôt jaune, tantôt blanche, et enveloppée dans une sorte de bourre sans valeur, que les femmes enlèvent très-facilement avec leurs doigts.

« Les plus beaux cocons sont gardés pour la reproduction ; les autres sont aussitôt exposés dans un four chauffé à une température de soixante degrés pendant quelques heures, de façon que le ver, à l'état de chrysalide, qui s'y trouve enfermé, périsse étouffé. Dans certaines magnaneries, on substitue au four chauffé des procédés expéditifs empruntés aux expédients chimiques.

— Eh quoi ! s'écria Jane, on fait périr ce pauvre ver qu'on a eu tant de peine à élever, et qui a filé un cocon si beau, si douillet pour s'y abriter !

— Il le faut bien ; sans cela le ver deviendrait papillon, percerait son cocon pour sortir, et la soie serait perdue.

« Cette soie est triée pour la qualité, et vendue au poids à divers filateurs et fabricants, notamment de Lyon.

— Mais alors les cocons réservés pour la graine sont perdus ?

— La soie en est perdue, oui ; mais au bout d'une vingtaine de jours, ils donnent issue à un vilain papillon lourd, terne d'aspect, qui vit peu de jours et ne mange point.

« Chaque papillon femelle pond cinq cents œufs à plusieurs reprises, et ces œufs, graine précieuse, espoir de la récolte suivante, sont conservés dans un lieu sec et frais en même temps. A la prochaine saison, quand les feuilles de mûrier repousseront, on les fera éclore par la température à l'esprit-de-vin dont je t'ai parlé.

« Examinons un peu les différentes espèces de bombyx exposées ici ; car je ne t'ai parlé que du ver à soie du mûrier.

« Voici celui de l'ailante, cultivé également à l'air libre par les Chinois. La soie que file ce bombyx est tout à fait différente des autres. Le cocon est presque aussi gros qu'un œuf de poule, et d'une couleur tirant sur le rouge. On fait avec la bourre des tissus très-forts, inusables, destinés aux classes moyennes.

— N'est-ce pas une dame de Paris, la femme d'un ministre, je crois, qui la première a fait l'éducation de ce bombyx de l'ailante, apporté en France seulement en 1858 ?

— Tu ne te trompes pas, ma chère Ernestine ; c'est
M^{me} Drouyn de Lhuys : ce qui nous prouve que toutes les
dames riches ne sont pas désœuvrées, et ne s'occupent pas
que de leurs toilettes. C'est aussi une dame qui a trouvé le

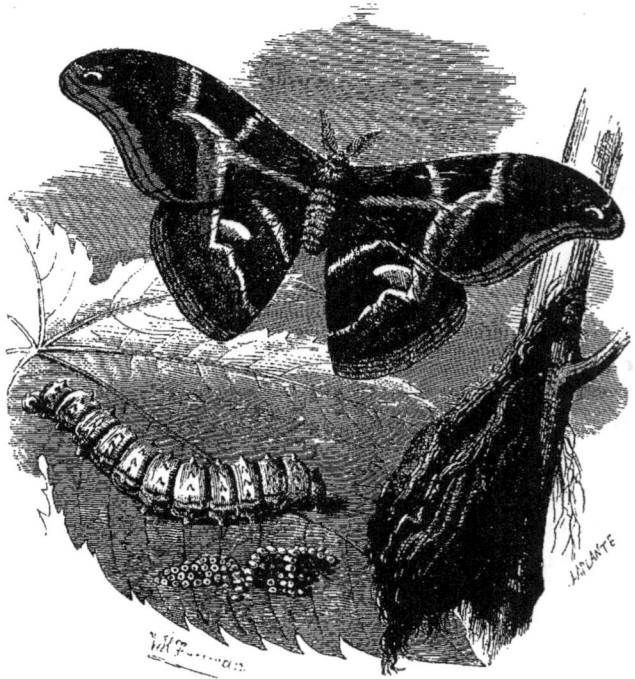

Bombyx du ricin.

procédé le plus avantageux de dévidage des cocons, procédé
qui donne à la soie une plus grande valeur.

— Et ce bombyx, demanda Jane en indiquant un ver d'un
aspect gris pâle, donne-t-il une aussi bonne soie ?

— Le bombyx du ricin ? Certes oui. Sa domestication réussit

parfaitement à Malte, aux îles Canaries et en France. C'est avec les cocons du ricin que l'on file la filoselle, dont les tissus sont si souples, d'un si bon usage, malgré leur peu de brillant.

« Le bombyx du chêne que tu vois plus loin donne la soie grége, et demande moins de chaleur que les autres.

— Et le ver à soie *tussah!* interrompit M^lle Dumay, il est remarquable et plus précieux peut-être que les deux derniers. Aussi en désire-t-on vivement l'acclimatation chez nous. Il vit au Bengale et dans les parties les plus chaudes de l'Inde. Les habitants vont recueillir dans les bois les cocons, d'une grosseur peu commune. Les feuilles que préfère cette espèce de bombyx sont les feuilles de jujubier. Cependant elle peut en manger d'autres; car c'est avec des feuilles de chêne commun que furent nourris les premiers spécimens qu'on apporta récemment en France.

— Et donnèrent-ils des cocons? demanda Jane.

— Oui vraiment, et de fort beaux. Malheureusement ils ne purent reproduire des graines, et c'est grand dommage ; car la soie grége qu'ils produisent est d'une force et d'une beauté rares. Dans l'Inde, on la nomme soie *tussah*, et on en fait toutes sortes d'étoffes solides, brillantes, telles que les beaux foulards de l'Inde nommés corahs, et qu'on importe en Europe par quantités considérables.

« Voici les deux dernières espèces de bombyx : le *cecropia*, qui vit, dans les îles Carolines, sur les ormes et les saules, et qui donne un gros cocon d'un tissu lâche, formé d'une soie grossière; puis le *sauvage* du Japon, envoyé par le consul de France à Yeddo, et qui se nourrit de feuilles du chêne cuspidé. Ce dernier n'a pas besoin de grande chaleur, et s'est montré, par cette raison même, vigoureux et facile à acclimater. Le cocon qu'il file est verdâtre, et peut se dévider en belle soie grége. »

La visite à la magnanerie était terminée, et nos promeneurs prirent le chemin du rucher, tout en causant de cette magnifique industrie de la soie, qui occupe tant de familles d'ouvriers, véritable source de richesse et de gloire pour le midi de la France.

« Arrêtons-nous, dit M. Dumay, et asseyons-nous un instant à l'ombre. D'ici nous apercevons le palais d'hiver des abeilles, modeste palais, couvert de paille et de chaume.

— La paille, aux brins serrés et unis avec soin, leur convient sans doute mieux que le bois et la pierre, dit Jane; car toutes les ruches que j'ai vues, même celles qui sont à ta campagne, ma chère tante, sont revêtues de paille.

— C'est que la paille les abrite parfaitement contre le froid et la pluie, et même contre les insectes ennemis. On fait, du reste, des ruches de différents modèles; et de nombreux apiculteurs ont voulu apporter chacun son type de ruche, selon lui préférable à tout autre. Mais un système fort commode, qui permet d'étudier les mœurs des abeilles, c'est la ruche en verre, recouverte de volets de bois mobiles.

— Cela doit être bien curieux, s'écria Jane; en verrons-nous de semblables ici?

— Oui vraiment, reprit la tante. Derrière le palais des abeilles, il y a deux ou trois ruches à vitrage offertes à la curiosité des promeneurs.

« Si tu veux avoir un peu de patience, ma chère Jane, et regarder assez longtemps dans l'intérieur de l'une de ces ruches, tu verras les butineuses apporter le miel et le pollen, et placer chacune de ces précieuses matières dans les magasins ou alvéoles destinés à les recevoir.

— Le miel?... Je croyais qu'elles recueillaient seulement le pollen, c'est-à-dire la poussière jaune qui se trouve sur

l'étamine des fleurs, et qu'avec ce pollen elles faisaient ensuite
le miel.

— Et voilà ce qui te trompe ; demande cela à ton père, il
va te l'expliquer mieux que je ne le ferais.

— Le pollen, comme tu le dis, est, en effet, la poussière que
contiennent les étamines de la fleur ; mais, outre cette poussière, la fleur recèle encore au fond de sa corolle un suc précieux, qui est le miel. L'abeille perce la corolle et remplit de
miel une petite poche ou vésicule intérieure. Quant au pollen,
elle en charge ses jambes, munies de petites brosses qui, plan-
tées en sens inverse, forment comme une corbeille spécialement
destinée à cet usage.

« Arrivées à la ruche, elles se déchargent, aidées des gardiennes ou des nourrices, de ce pollen et de ce miel. Et, quoique ces deux provisions soient emmagasinées séparément, les
nourrices savent très-bien prendre un peu de l'un et un
peu de l'autre pour composer une gelée destinée à leurs nourrissons.

— Comment ! des nourrices et des nourrissons ? comme
chez les fourmis ?

— Oui ; mais mille fois plus intéressants, et surtout plus
utiles. Mais pour t'expliquer un peu mieux la merveilleuse
organisation de ce royaume, allons voir la ruche.

— Verrons-nous la reine ? demanda Jane en se levant ; car
je sais que chaque ruche a une reine.

— Te voilà bien savante ! fit M^{lle} Dumay en riant. Et l'histoire de cette reine, ou plutôt sa vie, la connais-tu ?

— Oh ! non ; mais je serais bien contente si tu voulais me
l'apprendre. D'après ce que mon père vient de dire tout à
l'heure sur les nourrices qui composent de la gelée pour leurs
nourrissons, ces abeilles me semblent bien plus intéressantes
que les vers à soie... Leur cocon est fort beau, fort ingénieux,

très-précieux, j'en conviens ; mais ils ne font que manger et
dormir avant de le filer...

— Et les abeilles ne font que travailler, et avec quel instinct,
avec quelle adresse ! Chose digne de remarque, elles travaillent
non pas pour elles, comme le ver à soie, mais pour élever les
larves de la reine, espoir d'une nouvelle ruche. Elles travaillent pour la prospérité de cette ruche. A chacune sa tâche
et sa mission. Il y a les butineuses, dont je viens de te
parler...

— Celles qui vont chercher le pollen ?

— Oui ; ensuite les ouvrières cirières, celles qui construisent
ces alvéoles de cire, si admirables de solidité et de régularité,
que jamais l'homme le plus adroit ne pourrait les produire.
Il y a encore les nourrices, qui veillent sur les œufs, les larves
et les nymphes, endormies dans leur berceau...

— Leur berceau ? s'écria Jane...

— Mais oui ; l'alvéole dans lequel les petits êtres sont déposés n'est autre chose qu'un berceau. Les nourrices sont là
constamment penchées au-dessus, leur présentant la gelée de
pollen et de miel.

« Et tiens, voici une ruche vitrée ; prends garde ! avance
doucement du côté opposé à l'entrée, et penche-toi : tu verras
les nourrices sur les alvéoles.

— Je vois, en effet, le rayon supérieur un peu incliné,
et j'aperçois des abeilles empressées qui vont, viennent et
s'arrêtent.

— Elles vont chercher, dans certains alvéoles, le miel et le
pollen ; elles fabriquent la gelée, et, quand elles s'arrêtent,
c'est pour la présenter au nourrisson que tu ne peux voir,
mais qui existe. Et ce n'est pas tout ; si les regards pouvaient
pénétrer dans les parties les plus sombres de la ruche, tu
apercevrais des ouvrières visitant chaque coin et recoin, s'as-

surant à chaque instant qu'il n'existe aucune aspérité dangereuse, aucune fissure qui puisse donner entrée à un ennemi, à un insecte friand du bon miel sucré.

« D'autres arrivent chargées de *propolis*.

— Voici un mot que je ne connais pas !

— Je m'en doute bien, et je vais te l'expliquer. La propolis est une espèce de résine d'une odeur aromatique, et très-amère. Certains arbres, dont les bourgeons sont enduits d'une matière visqueuse, comme le peuplier, par exemple, en fournissent beaucoup. Avec cette propolis, elles vernissent, calfeutrent, mastiquent les endroits faibles de la ruche, toujours pour la préserver de l'invasion des insectes malfaisants et incommodes.

« Enfin il y a les ventilatrices, chargées de renouveler l'air de la ruche...; car il faut te dire qu'une ruche peut contenir quelquefois quarante mille petits êtres, tant abeilles que larves et nymphes. Pour renouveler l'air, elles s'échelonnent depuis le bas jusqu'au haut de la ruche; et, agitant vivement les ailes, elles établissent un courant entre l'air extérieur et l'air intérieur.

— C'est vraiment admirable, dit M<sup>lle</sup> Dumay. Il est fâcheux que nous ne puissions voir cette intelligente manœuvre; mais tu comprends, ma chère Jane, qu'il faut étudier longtemps les abeilles, et avec toute l'attention et la patience possibles, pour saisir et comprendre les faits et gestes de ces admirables petites bêtes.

« Mais cependant tu peux voir parfaitement les gardiennes de la ruche, postées en sentinelles à la porte. Elles sont là pour s'opposer aussi bien à l'invasion d'un ennemi qu'à l'entrée d'une abeille étrangère à la ruche.

— Les abeilles peuvent donc se tromper de logis?

— Non, elles savent toujours le reconnaître; mais souvent

leur ruche se trouve presque vide de miel ; il faut garder le peu qu'elles possèdent pour les nourrissons avides, et alors elles vont piller les ruches de leurs voisines pour se nourrir de leur miel et de leur pollen : du pollen surtout ; car ce dernier leur est encore plus indispensable. Et les gardiennes le savent bien. La nuit, aussi bien que le jour, elles vont et viennent d'un air inquiet, choquent leurs antennes délicates contre celles de toutes les abeilles qu'elles rencontrent, afin de les reconnaître.

« Cette précaution équivaut à celle du petit biquet de la fable de la Fontaine :

> Montrez-moi patte blanche, ou je n'ouvrirai point.

« Malheureusement, quand vient l'époque de la chaleur, le nombre des ventilatrices augmente, et une surveillance exacte devient très-difficile.

« Elles le savent bien, les pillardes étrangères ! Et elles profitent de cet instant critique pour se glisser inaperçues jusqu'au bon miel de réserve, jusqu'au pollen précieux et abondant que les nombreuses abeilles de la ruche peuplée ont amassé.

— Ma chère Ernestine, fit à demi-voix M. Dumay, approche-toi un peu ici. N'est-ce pas une reine, cette abeille élégante qui semble visiter les alvéoles supérieures du premier rayon ?

— Justement... Jane, regarde de ce côté... cette abeille plus grosse que les autres !... Vois comme elle est suivie d'une garde empressée d'ouvrières. L'une lui brosse les ailes et le ventre, l'autre lui passe légèrement sa trompe sur la tête comme pour enlever la poussière qui pourrait voiler ses yeux ; d'autres lui offrent à chaque instant une gouttelette de nectar, que la reine accepte avec satisfaction.

« Mais il faut que Jane sache que ce nectar ne ressemble en rien à la gelée monotone et habituelle dont les nourrices alimentent les larves. La nourriture de la reine est une sorte de conserve plus parfumée, plus riche en principes nutritifs, qui doit servir à développer sa constitution toute particulière, différente de celle des autres abeilles.

— Cependant, fit Jane, qui plongeait son regard avide dans l'intérieur de la ruche, quoiqu'elle soit plus allongée, plus élégante, et que ses anneaux brillent d'un jaune plus éclatant, elle semble faite comme ses sœurs...

— D'apparence, oui; mais, ne devant pas butiner, elle n'a pas de petites corbeilles pour recueillir le pollen ; elle ne possède pas un battoir ou une trompe pour puiser le suc dans la corolle des fleurs, ni une poche pour le contenir, ni des rubans de cire sous ses anneaux comme les cirières qui construisent les alvéoles.

— Alors que fait-elle donc?

— C'est elle qui est chargée d'augmenter la population de la ruche : c'est la pondeuse. Quand les gâteaux de cire sont terminés, la reine les inspecte un par un ; puis, commençant par le plus rapproché de l'entrée, elle dépose, presque dans chaque cellule ou alvéole, un petit œuf blanc allongé. Ces œufs, elle en pond des milliers, et aussitôt les abeilles s'établissent sur les cellules, et semblent les couver comme des poules attentives.

« Rien n'est plus curieux que de les observer. Cent fois par jour elles se penchent sur le berceau comme pour suivre la croissance de leur nourrisson, qui est, du reste, assez rapide. Le troisième jour, le ver brise l'enveloppe de l'œuf, et les nourrices empressées le débarrassent de cette enveloppe qui pourrait le gêner ; puis elles commencent à mettre devant sa

bouche cette fameuse gelée transparente, composée de miel
et de pollen...

— Mais ajoute encore un détail, — fait incroyable s'il
n'était réel, — les nourrices ont grand soin de placer cette
gelée, non pas sur la bouche même du ver, mais à une
certaine distance, à l'entrée de la cellule, afin de forcer
l'insecte à prendre un peu de mouvement pour aller la
chercher.

— Histoire de lui donner l'exercice nécessaire sans doute
à son développement.

— Dès que les prudentes nourrices s'aperçoivent que la
métamorphose du ver en nymphe approche, elles ferment
hermétiquement l'entrée du berceau avec de la cire, et on
peut alors reconnaître ces berceaux par le monticule de cire
qui les recouvre. Cet état de nymphe est l'état intermédiaire
entre le ver et l'abeille, et il se produit dans le silence et le
mystère de l'alvéole refermé.

« Mais bientôt les nymphes deviennent jeunes abeilles. Leur
premier soin est de ronger avec leurs mandibules les portes
de leur prison, et d'en sortir. Elles apparaissent alors baignées
de sueur, le corps mou et encore blanchâtre. Leur corps est
encore sans force, et leurs ailes sont incapables d'en supporter
le poids. Ce n'est qu'au bout de deux à trois jours qu'elles
peuvent essayer leurs forces en voltigeant doucement aux
portes de la ruche à l'heure où le soleil est le plus vif.

« Les nourrices redoublent de soins pour elles, s'empressent,
leur offrent du miel... Mais gare à celle qui est née difforme ou
mal constituée ! Les nourrices semblent comprendre que ce
sera une bouche inutile, puisqu'elle sera incapable de butiner
ou de travailler. Elles l'entraînent au dehors malgré sa résistance, et l'abandonnent, exposée sans résistance à la faim
et aux insectes ses ennemis. Cela rappelle la dure loi des

Spartiates, qui condamnait à la mort les enfants contrefaits, et, par suite, incapables de servir leur pays.

— C'est affreux! s'écria Jane indignée d'une telle barbarie.

— C'est ainsi. Il faut voir probablement dans ces sévères exécutions un sentiment d'économie. Ne faut-il pas que les abeilles conservent, pour élever la nombreuse postérité de la reine, ce pollen précieux qui va leur manquer bientôt, puisque, l'hiver venu, elles ne pourront plus aller le chercher dans les fleurs.

« Les ouvrières, les butineuses elles-mêmes ne peuvent constamment se nourrir de miel; il leur faut absolument le pollen pour prendre des forces et du courage au travail.

« On a vu des abeilles, enfermées dans leur ruche, ronger avec leurs mandibules le bois de leur prison afin d'en sortir. On en a vu d'autres, privées de pollen pendant la belle saison, abandonner tout le couvain, c'est-à-dire les œufs, les vers, les nymphes, auxquels elles ne pouvaient plus fournir de gelée.

« Et il faut bien que ce pollen soit meilleur et plus fortifiant que le miel, ajouta M\ue Dumay, puisque c'est la seule nourriture dont les nourrices abreuvent les jeunes reines élevées dans les cellules royales.

— Il y a donc plusieurs reines dans une ruche?

— Non, certes; mais les jeunes reines iront former, avec une troupe de suivantes, une nouvelle ruche. Aussitôt que des cellules royales, entourées de soins plus minutieux encore que les alvéoles, sort la nymphe transformée en abeille-reine, un essaim se forme.

— Un essaim! Oh! quelle chose curieuse! Je me souviens du concert de chaudrons et poêlons que la famille de ton jardinier a donné l'année dernière à un essaim d'abeilles.

— C'est là une coutume fort inutile des paysans. Les uns s'imaginent que cet affreux charivari étourdit l'essaim qui part, et le fait se fixer sur un arbre voisin de la ruche ; d'autres y voient une constatation de leur propriété : l'essaim échappé de chez eux peut s'envoler chez un voisin, auquel il appartiendrait de droit si, en poursuivant les abeilles fugitives de

leurs cris et de leur infernal concert, ils ne prouvaient bruyamment qu'il sort de leur rucher.

« Pour en revenir aux cellules royales, les abeilles en construisent jusqu'à vingt ; car elles s'attendent au petit drame qui va se passer dans la ruche, drame étrange et cruel, qui coûtera la vie à presque toutes les jeunes reines.

— Comment cela ?

— La reine, qui a déposé un œuf dans chacune de ces cellules, plus grandes et plus confortables que les alvéoles, ne se doute pas d'abord que cet œuf se transformera bientôt en une rivale détestée. Elle chante et se promène...

— Elle chante?

— Oui vraiment; et lorsque les abeilles entendent sa voix, elles arrêtent subitement leur travail en levant la tête. La reine donc se promène, et reçoit les soins empressés de ses sujettes.

« Mais bientôt les jeunes nymphes royales approchent du moment de leur métamorphose, et voilà que les abeilles témoignent à leur reine une froideur qui dégénère bien vite en indifférence. Celle-ci s'étonne, puis s'inquiète et s'agite : elle parcourt la ruche en tous sens, et finit par découvrir les cellules royales, rendues transparentes par les nymphes, qui en rongent déjà les parois pour sortir.

« Alors elle se met à ronger de fureur l'alvéole contenant le corps le plus avancé de jeune reine pour le massacrer. Une panique, une confusion inexprimable s'empare de toute la ruche : les cellules royales sont détruites par quelques-uns des partisans de la reine, qui courent ensuite aux magasins de miel et de pollen, où ils se gorgent de ces provisions amassées avec tant de soin et de patience. Pendant ce temps, d'autres abeilles sortent de la ruche en bourdonnant clairement au-dessus, comme si elles faisaient entendre un appel pressant et réitéré.

« Alors la reine s'élance hors de la ruche, suivie aussitôt par le nombreux essaim de toutes les abeilles qui se trouvent en ce moment à la ruche. Elles tourbillonnent dans l'air avec vivacité, s'éloignant, revenant, et finissant par se balancer avec grâce au moment où elles s'approchent d'une branche ou d'un haut appui pour s'y suspendre.

« C'est un spectacle curieux : toutes les abeilles sont superposées en masses régulières, les unes sur les autres, avec tant

d'art, qu'on dirait une énorme grappe de raisin pendante.
La branche ploie sous leur poids, et cependant elles sont
immobiles. Pas une ne se détache de cette masse, au centre
de laquelle se trouve la reine bien-aimée, qu'elles suivront
partout où elle voudra les conduire.

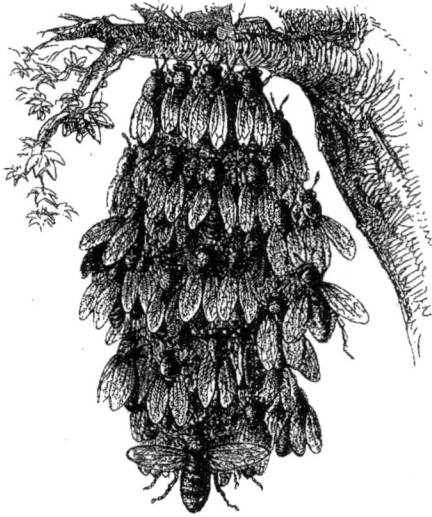

Essaim d'abeilles.

— Je ne m'explique pas qu'elles puissent ainsi la reconnaître et la suivre sans s'égarer lorsqu'elle s'envole.

— La reine, autrement nourrie que les autres abeilles,
exhale une odeur si délicieuse, qu'elles la suivent sans hési-
tation. Quand elle est posée, elles l'entourent aussitôt, et il
devient très-facile de faire tomber l'essaim dans une ruche
frottée d'un peu de miel, et qui deviendra leur nouvelle habitation.

— Mais que devient de son côté la ruche abandonnée? demanda Jane.

— Les butineuses qui se trouvaient aux champs sont bien étonnées à leur retour de tout ce désordre, et elles cherchent aussitôt leur reine. Il faut les voir parcourir la ruche en tous sens, et branler la tête d'un air désespéré. Leur inquiétude est si grande, qu'elles ne songent point à réparer le dégât fait par les abeilles essaimées. Quand il n'y a plus de reine dans une ruche, le découragement s'empare des abeilles, et elles ne travaillent plus. A quoi leur servirait le miel et le pollen qu'elles iraient chercher à grand'peine, puisqu'il n'y aura plus de vers à nourrir, plus de jeunes êtres à élever?

— Mais alors les essaims sont la perte des ruches?

— Au contraire; c'est un surcroît de richesse pour l'apiculteur. Ces abeilles désolées, qui cherchent leur reine dans chaque recoin de la ruche, finissent par reconnaître les cellules royales qu'elles avaient oubliées dans leur première agitation. Qu'une seule d'entre elles reconnaisse que deux ou trois de ces cellules ont été épargnées, et qu'elles renferment un œuf, ou un ver, ou une nymphe, aussitôt elle communique ce grand événement à une compagne en lui touchant les antennes d'une certaine façon. Quelques minutes après, toutes les abeilles prévenues arrivent en foule visiter l'espoir de la nouvelle postérité : il y aura une nouvelle reine dans quelques jours! Et les voilà qui s'acharnent à réparer les dégâts, à reconstruire les cellules détruites, à faire la garde de la ruche, désormais si précieuse, puisqu'elle contient une future reine! Et, dès le lendemain, les butineuses s'élancent au travail.

— Et cette jeune reine, quand naîtra-t-elle?

— Peu de jours après. Elle ronge le couvercle de cire qui la retenait captive, et sort, les ailes humides, pleine des parfums du pollen. Cependant la joie et l'activité de la ruche ne reprennent tout à fait que lorsqu'elle commence sa ponte dans les berceaux préparés par les travailleuses.

— C'est en vérité quelque chose de merveilleux que les instincts de ces petites bêtes! De toutes celles que nous avons vues au jardin, ce sont, à coup sûr, les plus petites et peut-être les plus intéressantes.

— Et songe à leur utilité. Tu t'apitoyais sur le sort du pauvre ver à soie qu'on étouffe dans son cocon; eh bien! il est peut-être moins à plaindre que la mouche à miel.

« Le ver à soie, du moins, mange et dort sans rien faire pendant les cinq premiers âges de sa vie. L'abeille, elle, n'a qu'une bonne saison, le commencement de l'été, et encore l'emploie-t-elle à travailler sans relâche à emplir la ruche et à élever les jeunes. Mais la fin de l'été est cruelle : à ce moment, tous les alvéoles de cire sont gonflés de miel, et on en profite bien vite pour leur enlever le fruit de leur travail. Bien heureux encore quand l'homme avide qui n'entend rien à l'apiculture leur laisse de quoi subsister pendant les jours froids de l'hiver.

« A l'automne, elles ont à lutter sans cesse contre d'autres dangers : les oiseaux destructeurs, les insectes pillards et gourmands, tel que le sphinx tête-de-mort, un grand papillon qui les glace d'effroi et de stupeur par le bruit de sa voix et les sortes de décharges électriques qu'il fournit naturellement; les araignées leur tendent leur toile, les crapauds hideux les guettent sous une pierre, et cependant tous ces dangers sont moindres pour elles que la faim.

« Aussi malheur à celui qui enlève presque tous les rayons de la ruche! Il tue ainsi la poule aux œufs d'or. Les abeilles ne font plus de miel, et elles meurent par centaines.

— Pauvres mouches à miel! Pourtant il doit être difficile
de leur enlever ainsi leurs provisions?

— C'est la chose du monde la plus simple. Un homme mas-
qué et les mains couvertes de gants de crin, étourdit les
mouches en envoyant un peu de fumée dans la ruche, et il
prend alors sans obstacle les rayons déposés sur les claies.

« Cette première opération terminée, il ne s'agit plus que
d'extraire le miel des alvéoles. On commence par enlever tout
le pollen; puis, à l'aide d'un couteau très-mince, on détache
les couvercles de cire qui ferment les alvéoles, et on laisse
s'écouler de lui-même le miel, tamisé, par surcroît de précaution, sur une toile claire.

« Le miel ainsi obtenu est excellent, et on lui donne le
nom de *miel vierge*.

— Il y a plusieurs espèces de miel; car on cite toujours le
miel du Gâtinais, de Narbonne, comme le meilleur.

— C'est vrai; et cependant rien n'est plus facile pour un
apiculteur intelligent que de récolter un beau miel blanc de
de qualité supérieure. Il suffit d'entourer les ruches et les
jardins avoisinants de plantes aromatiques et spécialement
mellifères. Il ne faut pas t'imaginer que ce soit dans les roses
et le jasmin que les abeilles récoltent le plus de miel. Les
plantes qu'elles aiment sont les plus simples, les moins coû-
teuses et les plus faciles à obtenir : telles sont, par exemple,
la bourrache, le bouillon blanc, le mélilot, le chèvrefeuille,
le prunellier sauvage, l'églantier, le sureau; des arbres comme
l'acacia, le tilleul, et surtout le sarrasin ou blé noir, vraie
source de richesse pour les abeilles; car à l'époque où fleurit
cette céréale, il n'y a plus rien pour elles, ni aux champs ni
aux jardins.

« Là encore, comme toujours, se révèle la sagesse de la
Providence, qui, pourvoyant aux besoins de tous les êtres,

si infimes qu'ils soient, vient, pour ainsi dire, indemniser les pauvres abeilles de la riche récolte que l'homme leur a enlevée.

« Du reste, à chaque pas que nous avons fait dans ce jardin, où sont réunis avec intelligence tous les êtres utiles du règne animal et du règne végétal, tu as pu remarquer partout cette Sagesse divine, immuable, constante et infinie dans ses moyens, qui, sans jamais épuiser ses ressources, semble ne s'être préoccupée que du bien-être des hommes.

« C'est dans la contemplation de la nature qu'on apprend, malgré soi, à bénir et à adorer Dieu. »

L'automne et l'hiver se sont écoulés.

Voici le printemps avec son joyeux soleil, sa fraîche verdure et ses fleurs nouvelles.

C'est le moment d'aller voir la campagne dans son premier épanouissement.

Mais, quel que soit pour nos Parisiens l'attrait du bois de Boulogne reverdi, la grande et magnifique Exposition universelle de 1867, qui vient aussi d'épanouir ses innombrables merveilles au Champ de Mars, les a sollicités tout d'abord.

Ce n'est qu'après plusieurs excursions dans ce centre féerique de toutes les productions, de toutes les industries, de tous les arts du monde, — excursions dans lesquelles nous les accompagnerons peut-être un jour, s'il plaît à nos lecteurs, — qu'ils peuvent enfin revenir au Jardin d'acclimatation.

La fête du printemps, du *renouveau,* comme disaient nos vieux poëtes français, y est célébrée bruyamment par la gent ailée, qui n'interrompt ses chansons que pour happer d'un coup de bec les miettes de gâteau qui pleuvent des mains des visiteurs, plus nombreux que jamais.

Nos promeneurs ont peine à se frayer un passage dans la foule, et se dirigent tout d'abord vers la magnanerie, dont les murailles d'émail blanc réfléchissent, comme des miroirs de porcelaine, les rayons du soleil.

Jane, qui désormais ne se borne plus à regarder indifféremment comme une ignorante les objets qui frappent ses yeux, reconnaît aussitôt les nombreux ailantes, dont l'élégante et proprette habitation est entourée.

« Je vois avec plaisir, dit son père, que tu as profité de nos leçons, et que tu n'as pas oublié cet arbre si utile emprunté à la Chine, et destiné à remplacer peut-être un jour le mûrier.

— Je l'ai d'autant moins oublié, répondit Jane, que je l'ai revu plusieurs fois ailleurs qu'ici : près du parc de Saint-Maur, par exemple, et aussi à la gare de Nancy, lorsque nous avons fait, l'été dernier, le voyage des Vosges et de l'Alsace.

— En effet, l'administration du chemin de fer de l'Est, — toujours en progrès sur les autres compagnies, — au lieu de garnir d'arbustes inutiles les talus de ses voies ferrées, y a fait établir sur plusieurs points des plantations d'ailantes.

« L'été dernier, ces plantations étaient couvertes de vers à soie, élevés ainsi à l'air libre; et, malgré la mauvaise saison, ces vers se sont parfaitemement développés, et ont produit leur soie absolument comme ils auraient pu le faire en Chine.

« Cet heureux résultat de l'acclimatation est dû à M. Givelet, savant sériciculteur, qui possède sur la route de Mulhouse une propriété de sept à huit hectares, où les premiers essais ont eu lieu. Grâce à lui, la compagnie des chemins de fer de l'Est a fait, il y a trois ans à peine, des plantations à Esbly, Meaux, Jâlons-les-Vignes, à Vitry-la-Ville, à Troyes, Nancy, Vesoul, et sur la ligne de Vincennes, à la station du parc de Saint-Maur. Dès l'année 1866, l'éducation des vers à soie a pu y être pratiquée avec succès.

« Voilà de quoi nous faire attendre la réussite du procédé récemment inventé par M. Lucien Tracol, de Saint-Étienne, qui ne tend à rien moins qu'à supprimer le ver, et à tirer la soie des feuilles mêmes du mûrier. »

En passant devant la faisanderie, nos promeneurs ne purent s'empêcher d'admirer la quantité énorme de faisans de toutes sortes qui encombrent les enclos.

A la poulerie, ils remarquèrent le coq et la poule de taille gigantesque offerts au Jardin en décembre 1866, par le baron de Senaller, président de la république du Val-d'Andorre.

Puis, se dirigeant vers le grand lac, non loin de la cabane des tatous, ils s'arrêtèrent un instant devant le nouveau bassin creusé pour les phoques.

A la voix des spectateurs, ces étranges amphibies accouraient, avançant hors de l'eau leur joli museau pour recevoir les aumônes que chacun s'empressait de leur distribuer.

Bientôt des cris rauques et sauvages attirèrent les promeneurs vers le bâtiment des écuries. Ces cris n'étaient autre chose que le braiement peu mélodieux de deux dromadaires que l'on venait d'amener au dehors pour procéder à leur harnachement.

Ces dromadaires, de l'espèce Mahara, jusqu'à présent tout à fait inconnus en France, ont été envoyés du sud de la province de Constantine, par les ordres du gouverneur général de l'Algérie, pour figurer à l'Exposition universelle. L'un, âgé de onze ans, est entièrement blanc; l'autre, âgé de huit ans, est d'un blanc roux : son caractère, assez difficile sans doute, a obligé ses gardiens de lui passer dans la narine un anneau de fer auquel s'adapte une courroie qui sert à le guider.

Leur poitrail porte des traces très-sensibles du frottement des sangles. La peau, dépourvue de poils, ressemble à un vieux cuir blanchâtre, usé, rapiécé de morceaux coupés carrément et cousus par une main malhabile.

Leurs gardiens arabes ne les ont pas quittés depuis leur départ d'Afrique. L'un, spahis indigène qui s'est frotté à notre

civilisation, parle fort bien le français et répondit très-nette-
ment aux questions de M. Dumay. L'autre, au contraire, qui
ne sait pas un mot de notre langue, offre le type complet
de l'Arabe originaire des confins du Sahara. Il venait de faire
sa toilette de ville, et s'était enveloppé d'une grande pièce de
cotonnade bleue sur laquelle passait son burnous de laine
brune bordé d'un galon rouge, et qui ne laissait voir de son
visage que les yeux et la naissance du nez.

Les dromadaires ont reçu l'hospitalité au Jardin d'acclimatation, et chaque jour, vers midi, ils sont conduits au
Champ de Mars où, pour plus de couleur locale, on les installe sous une tente arabe.

Leurs gardiens se disposaient au départ. Ils les firent agenouiller et accroupir pour les seller. La selle, garnie de
longues franges de laine bleue, rouge et noire, fut installée,
entre l'arête du cou et la bosse dorsale, sur un entassement
de vieux morceaux de couvertures : des ornements semblables
à ceux de la selle furent passés aux oreilles; et enfin les deux
cavaliers prirent place, et firent redresser les gigantesques
montures. Celles-ci se mirent en marche d'un pas lent et
solennel, offrant ainsi un spectacle neuf et curieux pour des
Parisiens qui n'ont jamais visité l'Algérie. L'imagination
aidant, et avec quelques palmiers dans le paysage, on eût
pu se croire un instant au milieu de l'oasis africaine que la
caravane quitte à regret pour reprendre son voyage à travers
le Sahara.

Après avoir renouvelé connaissance avec les anciens pensionnaires du jardin, la famille Dumay termina sa visite
par l'aquarium, où des hôtes nouvellement arrivés, les *hippocampes*, captivaient l'attention générale.

Les hippocampes, ou chevaux marins, ont la tête terminée

par un museau allongé, garnie de deux yeux saillants sur-
montés de petites nageoires transparentes qui imitent les
oreilles du cheval.

Leur encolure, gracieusement recourbée, a vraiment de la
similitude avec celle du noble quadrupède dont ils empruntent
le nom ; et c'est sans doute à cette forme du cou et à leurs
mouvements élégants, qu'il faut attribuer l'origine des innombrables comparaisons dont ils ont été l'occasion pour les
poëtes. Les uns prétendaient les voir attelés au char de Nep-
tune et d'Amphitrite; d'autres les supposaient escortant, en
nombreux escadrons, les divinités mystérieuses de la mer.

Leur queue arrondie et leur corps relativement gros et
court les font ressembler plutôt à certains reptiles qu'à la
plupart des poissons.

Cette queue est un des principaux ornements de l'animal.
Elle a une extrême mobilité, et donne par instants à ce petit
être les aspects les plus variés.

Tantôt allongée, tantôt enroulée sur elle-même, elle offre
sans cesse un nouveau coup d'œil.

Elle sert aussi à l'hippocampe pour se fixer aux herbes et
aux madrépores sur lesquels il veut se reposer. Une fois fixé,
il se laisse balancer, et semble insouciant de ce qui se passe
autour de lui. Il veille cependant, et de temps en temps on le
voit se pencher pour saisir au passage quelque infusoire
qui, s'étant imprudemment approché, devient aussitôt sa
proie.

En cheminant dans leur prison vitrée, les hippocampes se
rencontrent parfois. Alors leurs queues s'accrochent; et s'il
survient un troisième, un quatrième voyageur, les nouvelles
queues se joignent à celles déjà nouées, et il s'en forme un
bouquet vivant qui flotte au gré du plus vigoureux de ces
singuliers chevaux, jusqu'à ce que cette grappe animée se

dénoue, et que les êtres qui la composaient se divisent et s'éparpillent.

L'appareil qui leur sert à se mouvoir n'est pas la moindre merveille de leur organisation. Les nageoires qui surmontent les yeux sont d'un faible concours dans la natation.

L'instrument puissant de la marche est une nageoire dorsale transparente, dont les premiers rayons sont teintés de jaune et de noir. Cette nageoire, placée verticalement dans le sens de la longueur du poisson, s'agite, pour faire avancer l'animal, avec une étonnante rapidité. Ce sont des mouvements d'ondulation tellement vifs, qu'il semble à l'œil que l'hippocampe porte sur le dos une roue dont les raies irisées réfléchissent la lumière.

Les hippocampes ont reproduit à l'aquarium du jardin, et on a pu observer cette particularité bizarre, que les mâles, recevant on ne sait comment les œufs pondus par la femelle, les gardaient, pendant toute la durée de l'incubation, dans une poche qu'ils portent sous la queue, ce qui leur donne un trait saisissant d'analogie avec les kangurous, les sarigues et les marsupiaux en général.

Témoignage nouveau de l'art merveilleux avec lequel la nature procède dans ses créations, qu'elle multiplie à l'infini, reproduisant sans cesse et partout ses modèles, mais sans jamais se recopier entièrement.

FIN.

# TABLE

# TABLE ALPHABÉTIQUE

Tours. — Impr. Mame.

www.ingramcontent.com/pod-product-compliance
Lightning Source LLC
Chambersburg PA
CBHW071653200326
41519CB00012BA/2499